数据赋能河长制

周新民　禤倩红　朱文玲　杜冬阳 等　著

中国水利水电出版社
www.waterpub.com.cn
·北京·

内容提要

本书为广州市全面推行河长制工作领导小组办公室组编的"共筑清水梦"系列丛书之一。书中系统阐述了数据赋能河长制的理论基础和实践做法,构建了数据赋能河长制"五能"模式,总结提炼了数据赋能河长制"四有"成效。全书理论联系实际,具有较强的实操性,为实施河长制的相关部门和水环境治理的专业人士提供了参考借鉴。

本书可供广大水环境治理的工作者、研究者阅读,也可作为各地推行河长制工作的参考用书。

图书在版编目(CIP)数据

数据赋能河长制 / 周新民等著. —— 北京 : 中国水利水电出版社, 2021.7
ISBN 978-7-5170-9808-9

Ⅰ.①数… Ⅱ.①周… Ⅲ.①河道整治-责任制-研究-中国 Ⅳ.①TV882

中国版本图书馆CIP数据核字(2021)第151854号

书　　名	数据赋能河长制
	SHUJU FUNENG HEZHANGZHI
作　　者	周新民　禤倩红　朱文玲　杜冬阳 等　著
出版发行	中国水利水电出版社
	(北京市海淀区玉渊潭南路1号D座　100038)
	网址: www.waterpub.com.cn
	E-mail: sales@waterpub.com.cn
	电话: (010)68367658(营销中心)
经　　售	北京科水图书销售中心(零售)
	电话: (010)88383994、63202643、68545874
	全国各地新华书店和相关出版物销售网点
排　　版	北京金五环出版服务有限公司
印　　刷	北京印匠彩色印刷有限公司
规　　格	170mm×230mm　16开本　10.25印张　156千字
版　　次	2021年7月第1版　2021年7月第1次印刷
印　　数	0001—5000册
定　　价	70.00元

《数据赋能河长制》
撰写人员

___

周新民　襁倩红　朱文玲　杜冬阳

黄丽华　颜海娜　于刚强　麦　桦

李景波　徐剑桥　欧阳群文　邹　浩

毛　锐　吴泳钊　陈　熹　赖碧娴

　　将"共筑清水梦"打造成系列丛书的灵感来源于 2020 年出版的《共筑清水梦》一书，《共筑清水梦》带着河长漫画形象走出广州，去往佛山、东莞，走出广东，去往广西、海南、内蒙古……其出版引起了良好的社会反响，其新颖的形式和内容受到同行们的喜爱，受到业内人士推崇。

　　近年来，我们联合全市志愿者、民间河长推动河长制进校园、进社区，在政府履职、社会监督、公众参与等方方面面多管齐下打造"共筑清水梦"治水主题 IP，致力于让河长制治理理念、治理成效深入民心。

　　"共筑清水梦"紧紧遵循"人民城市人民建，人民城市为人民"的思想，致力于打造共建共治共享社会治理格局的美好愿景，体现了人民对"清水绿岸""鱼翔浅底"幸福宜居环境的向往和追求，更体现了我们奋勇前行建设"美丽中国"，夙兴夜寐追寻"中国梦"付出的努力。随着河长制工作的不断深入和扩展，我们将在"共筑清水梦"主题的加持下持续发力，不断总结、提炼，力争为各界读者带来更多务实、精彩的系列好书。出版丛书是筑梦的开始，更是通往梦想彼岸的路径，体现的是广州久久为功、同心筑梦的诚意与决心。

　　为此，我们还在路上……

广州市全面推行河长制工作领导小组办公室

2020 年 12 月

河长制从2007年在江苏省无锡市试点,到2016年全国普遍推行,从点到面,逐步成为治理河湖水污染和提升水环境质量的主要"抓手"。违法排水排污通常存在跨域性、分散性、隐蔽性和反复性等特征,过去"九龙治水"难以形成合力来有效治理河湖水污染,使水环境质量难以得到有效改善。河长制明确了各级党政"一把手"为"河长",通过强力问责、公众参与和跨界协同,打出了水环境治理的"组合拳"。

河长制推行之际,恰逢新兴信息技术快速迭代和广泛使用的黄金时期,这为河长制的数字化转型提供了契机。特别是4G网络、智能手机和移动互联网的普及,使河长制在数字时代得以将制度优势转化为治理效能。数字化河长制所采集、积累和汇聚的海量数据,使数据驱动的水环境治理呼之欲出,推动水环境治理从运动式治理走向常态化治理,从"人治"走向"数治",从单打一走向多管齐下。

广州市是中国一线城市,也是超大型城市的典型代表,在水环境治理方面面临严峻挑战,加快推动水环境治理创新的需求也极为迫切。近些年来,广州市河长办联合相关部门大力推动数字化河长制,通过数据赋能河长制,探索出了一种富有本地特色和创新精神的超大型城市水环境治理模式。2017年推出的广州河长管理信息系统，逐步成为广州市水环境治理的"城市大脑"。通过数据生产、分析、驱动和成效，该系统建立了一套全新的水环境治理体系，为河长制的有效推行奠定了数据基础。

广州市河长办联合广州市委党校和华南师范大学成立课题组，完成的《数据赋能河长制》一书，对数据赋能河长制的探索之旅进行了生动、翔实的记述和探讨，为水环境治理的实践人员和学术研究人员提供了不可多得的参考资料。该书视角新颖、体系健全、调研扎实、资料丰富，得出的研究发现和结论具有较强的实操性，既可供实施河长制的相关部门和参与人员参考，又为学者们开展进一步研究提供了素材和启发。

课题组分别针对基层河长和社会公众进行问卷调查，考察了他们对广州河长管理信息系统的态度和使用行为，既肯定了该系统的优势和特点，也明确了该系统在未来进一步完善的方向。课题组基于抽样案例数据进行的内容分析，发现了河长制运行过程中的主要特征和关键问题，为总结提炼实践经验并持续优化河长制提供了经验依据。课题组概括了广州市数据赋能河长制的主要路径，包括履职、监管、服务、支撑和参与等方面，推动了河长制在精准问责、链式联动、多元共治、数治融合、技术支持等方面的深刻转变。

广州市河长办充分利用大数据等技术主动创新河长制，使河长制实现了整体数字化转型，并使水环境治理效能持续提升。基于数据的水环境治理，打破了不同区域、水系、层级和部门的藩篱，真正实现了河长制的"一张网"，使过去难解的棘手问题迎刃而解。无论是自上而下的权限下放，还是水环境相关服务的创新和优化，抑或是事中事后监管的加强和创新，都是"放管服"改革在水环境治理方面的生动体现。

在多元共治方面，广州市通过微信公众号等渠道开通"违法排水有奖举报"系统，邀请社会公众参与监督违法排水行为，加大对"散乱污"的查处力度。过去监管部门主要依靠"拉网式"人工排查方式进行监管，但是监管成本高，监管效率低，监管问题反弹明显。引入"合供""众筹"等治理理念，广州市邀请民众通过"随手拍"举报投诉，使监管部门可以及时、精准、直接和有效地获取举报线索，更加高效地治理违法排水。

总体来说，广州市数据赋能河长制的探索和创新，是水环境治理体系和治理能力现代化的重要实践，其先进经验值得广东省乃至全国学习借鉴和推广普及。与此同时，在数字化河长制的推行过程中，还有许多有意义的问题值得探索和研究。

首先，要进一步加大数据挖掘和利用，使海量数据所蕴含的潜能得到持续释放。广州河长管理信息系统通过各种方式采集了大量数据，而这些数据除了用于日常业务管理以外，还可以发挥更大的价值。例如，目前广州河长管理信息系统的数据主要用于回溯，而如何将其用于未来预测，也同样是值得探索的方向。大数据的核心价值在于预测，对河湖水质的变化走势进行预测，可以更加前瞻性地推动河长制有效执行。将广州河长管理信息系统同工业、商业、住宅等其他来源的数据进行关联，也有助于从关联数据的蛛丝马迹中发现线索，为识别问题和快速反应提供精准依据。

其次，要进一步加大数据开放，推动河长管理数据创造更大的公共价值。目前政府开放数据活动如火如荼，广州河长管理信息系统可以顺势而为，加快推动数据开放。据复旦大学数字与移动治理实验室的统计，截至 2020 年年底全国已有 142 个地方政府上线数据开放平台。将河长制采集的数据脱敏后对社会公开，将有利于激发更多企业、学术机构、新闻媒体和社会公众参与水环境治理，并使这些数据服务于城市治理创新的其他方面。例如，将水质数据嵌入房屋租赁交易平台，当水质与房价联动以后，会推动居民更加关注家门口的河湖水质。

最后，河长制为发展和检验治理理论提供了契机，亟待各地加大对河长制深入研究的力度。河长制的执行涉及各级、各地和各部门的方方面面，可以说是"牵一发而动全身"，是国家治理在水环境治理领域的缩影。与此同时，数据赋能河长制而积累的海量数据，涉及各级河长、水系流域的企业和居民，而这些利益相关者的复杂互动，为治理理论的发展和检验提供了丰富的素材、案例和资料。但是，目前对河长制的研究仍然是就河长制谈河长制，还没有将其上升到国家治理的高度进行全方位的深入研究。

对河长制的研究不应局限于水环境治理本身，而应发展更具一般性和普适性的概念和理论，并推广应用到更多国家治理领域的创新和改善。例如，河长制的概念和许多领域都有关，如网格长（网格员）、楼长、街巷长等，而这些单元所蕴含的治理理念和实践启迪都有待更深入的研究予以揭示。诺贝尔经济学奖得主埃莉诺·奥斯特罗姆对公共事物的治理之道所进行的开创性研究，无不从治安、灌溉等具体领域出发，实证案例也不局限于某个国家或地区，但是其所阐发的治理理论却有极强的历史穿透力、空间移植性和领域跨越性。

《数据赋能河长制》一书以广州市近些年来的实践经验为例，在挖掘河长制背后的国家治理理论方面进行了有益的探索。我们期待未来有更多志同道合的实践者和研究者同心协力，将河长制背后所蕴含的国家治理理论发扬光大。唯有如此，才能使河长制不仅服务于保护我国的绿水青山，而且为全人类贡献水环境治理乃至国家治理的方案和理论。

中国人民大学国家发展与战略研究院研究员、公共管理学院教授

2021 年 2 月

本书系统介绍了具有广州特色的"数据赋能河长制"全貌，全面阐述了广州在推行河长制中遇到的治水"难点""痛点""堵点"，并顺应数字治理的时代发展趋势，构建了数据赋能河长制"五能"模式，总结提炼了数据赋能河长制"四有"成效。本书的主要内容包括以下三大部分：

从技术路线上看，广州输出了数据赋能河长制的技术路线——"MADE"模式，即通过数据生产（Manufacture）、数据分析（Analysis）、数据驱动（Drive）、达成能效（Effect）的全过程数据赋能河长制模式。

从赋能过程上看，数据赋能河长制的赋能主要指"五能"（能效、能动、能力、能及、能量）：能效指河长制从无到有的全面落地见效过程，重点在于如何借助信息化手段实现河长制在全市落地；能动指以信息化手段全面压实河长履职责任，全面落实水利部把强监管作为水利改革发展总基调中的主调高度，实现河长制从"有名"到"有实"；能力指提升河长履职能力，贯彻源头治理和以人为本的原则，注重基层治水干部队伍建设和河长履职能力提升。能及指切实发挥各级治水职能部门的主体责任，借助河长管理信息系统的单线交办模式，让河长办从"看得见管不着"向"看得见管得着"转变、从"一龙治水"到"一龙管水、多龙治水"转变；能量指激活全民治水参与热情，激发社会参与力量，打造"开门治水、人人参与"的全民治水局面。

从取得成效上看，数据赋能河长制取得的显著成效，可归纳总结为河长制有名、有实、有能、有效的"四有"成效。

在中国共产党成立 100 周年之际，我们谨以此书为党的百年生日献礼，对数据赋能河长制各项举措和成效进一步总结、提炼、输出，为全面推行河长制工作输出可复制、可借鉴、可推广的"广州经验"，并在探索构建河长制长效机制上奋勇争先，持续推动河长制工作不断深化、创新。

作者

2021 年 7 月

1 | 绪论

XULUN

1.1 研究背景与问题提出

1.1.1 研究背景

2016 年 12 月，中共中央办公厅、国务院办公厅印发《关于全面推行河长制的意见》（厅字〔2016〕42 号），明确了总体要求、主要任务和保障措施，同步明确了河长制的实施对象、组织形式和工作职责，要求在全国范围内全面推行河长制，标志着河长制由地方探索试点阶段迈向了国家建章立制阶段，河长制已由当年应对水危机的应急之策，成为全面深化改革的一项重要举措。

河长制作为一个中央自上而下在全国范围内推行的创新举措，在改善环境治理、促进经济结构转型、增进社会效益等方面取得了非常显著的效果[1]。河长制的全面推行就如同找到了打开水环境治理困局的金钥匙，增强了地方党政领导治水履责的自我约束力，形成了河长制工作制度体系，调动了公众参与河流环境防治的积极性，践行了河流流域环境治理的新路径[2]。

然而，河长制在实际运行中也出现了各种问题。有学者指出，组织运行中存在着阳奉阴违式政策冷漠以及增加执政风险等方面的困境[3-4]，协同治水中面临着"能力困境""组织逻辑困境"以及"责任困境"[5]。幸运的是，河长制的发展适逢信息技术发展的快车道，国家高度重视大数据在生态文明建设中的地位和作用，2016年生态环境部出台《生态环境大数据建设总体方案》（环办厅〔2016〕23 号）；2019 年，水利部全面推进智慧水利工作，编制完成《水利业务需求分析报告》，实施《水利网信水平提升行动方案（2019—2021 年）》（水信息〔2019〕171 号），提出了河长制与信息技术应用相结合的方案，这是破解河长制发展瓶颈的重要之举，也是提升河长工作效能和精细化管理水平的时代要求。

1.1.2 问题提出

广州市在全面推行河长制过程中，在四个阶段遭遇不同的难题：

（1）河长制起步阶段遇到的难题，包括河长履职规则、发现问题解决问题机制尚未建立，事务处置通过公文流转效率低；信息链条未能打通，河湖动态不能实时掌握；信息不对称，信息查询统计难等。

（2）河长制推进深化阶段遇到的难题。在河长履职过程中，敷衍巡河、虚假巡河、只巡不报、避重就轻等不履职、敷衍履职的行为时有出现；在水利部"水利行业强监管"的主基调下，河长制监督考核缺乏量化、全过程、科学的跟踪管理技术路线成为当时面临的主要难题。

（3）河长制决胜阶段遇到的难题。河长如何跨越专业隔阂，提升纵横协同能力和管理水平成为河长制发展亟待突破的瓶颈；如何消除河长后顾之忧，打造更为接地气、人性化、务实贴心的功能板块成为系统提升的主要方向；同时，河长制经过一段时间的运行，如何针对性发力，靶向施策，在时间紧、任务重的双重压力下，寻求量变到质变的突破成为这一阶段的主要诉求。

（4）河长制长效阶段遇到的难题。2019 年年底，广州市已基本消除黑臭水体，到 2020 年年底，广州市已全面剿灭黑臭水体，国考、省考断面水质全面达标，劣 V 类断面全面消除。然而，广州水环境质量依然敏感脆弱，伴随着阶段性任务的完成，各岗位已有松懈苗头，河湖水质反弹的警报随时拉响。无论是啃下"存量问题"这一硬骨头，还是控制"增量"反弹，都需进一步压实各岗位职责。长效阶段亟需谋划与该阶段相适应的新手段、新举措，充分调动各部门、各岗位工作效能，挖掘新的"长效"增长点，推动河湖管理从运动战非常态迈入长效治理新常态。

公众是水环境治理的"利益相关者"，对美丽生态环境的迫切需要与水体发黑发臭的矛盾使得公众对水治理成效具有切身体验，而信息不对称、参与难度大、参与渠道少等问题使得公众参与治水依然停留在边缘和末端。因此如何破解河长制推行中的四个阶段的难题，实现河长制工作在更高层面上的发展是本书研究的核心问题。

1.2 核心概念与理论综述

1.2.1 核心概念

（1）城市治理。一流的城市要有一流的治理，[6] 进入新时代，城市发展更加凸显人本逻辑、品质生活、宜居导向。城市治理从广义的角度上是一种城市地域空间治理的概念，为了谋求城市经济、社会、生态等方面的可持续发展，对城市中的资本、土地、劳动力、技术、信息、知识等生产要素进行整合，实现整体地域的协调发展。城市发展的最终归宿是为了更好地满足民众对美好生活的需要。广州贯彻"四个出新出彩"，实现老城市新活力的要求与寄托，实现城市治理能力与治理体系现代化。坚持"城市是人民的城市，人民城市为人民"，远离粗放式治理观念，坚持以人民为中心的发展思想建设城市。其主要内容包括：一是构建城市发展新格局，增强综合城市功能。坚持稳中求进工作总基调，建设先进制造业强市，加快发展壮大新动能和改造提升传统动能，培育做强六个千亿级新兴产业集群，高标准建设价值创新园区，构建具有国际竞争力的现代产业体系，促进经济增长保持在合理区间。二是以"绣花"功夫提升干净整洁、平安有序的城乡环境品质。统筹推进旧城镇、旧厂房、旧村庄更新改造，专业批发市场、低端物流园、村级工业园整治提升，违法建设、黑臭水体、"散乱污"企业专项治理等九项重点工作。三是以花城的靓丽显活力之美。"越是把城市'收拾'得宜居宜业宜游，越能提升城市能级"[7]，这既能让市民生活舒适，也能不断吸引资源要素进入，从而推动城市经济发展，焕发生机活力，积聚未来发展潜力，最终打造城市可持续的竞争力。广州加快推动白云山、麓湖、越秀山等"还绿于民、还景于民"的工程，着力提升海珠湿地、温泉小镇等区域品质。近年来，广州探索出了符合超大城市特点与规律的社会治理创新路径，为实现老城市新活力、"四个出新出彩"提供了重要保障，也为超大城市治理创新提供了广州经验。

（2）河长制。河长制是指由各级党政主要负责人担任河长，负责组织领导相应河湖的管理和保护工作。河长制是从 2007 年开始推行的由各地依据现行法律、坚持问题导向、落实地方党政领导河湖管理保护主体责任的制度创新。河长制起源于江苏省无锡市，当时该制度的设计是为了处理蓝藻事件[8]。河流的治理涉及多方面的事务，不仅有自然属性上的上下游和左右岸，还涉及诸多社会领域，难免会出现"九龙治水"的局面，而河长制的制度运作逻辑，正是为了打破这种分头治理的局面，河长作为当地的党政负责人，可以运用行政权力调动与整合"多头治水"的下属各职能部门的治水资源[9]，即河长制能够使原本分散的治水部门形成合力，充分发挥相关各方的作用，实现"环境善治"[10]。就我国现在的河流治理而言，河长制找准了中国水治理体系的痛点，抓住了一直以来河流治理过程中"缺乏整体性考量和统一价值取向，没有必要的协调与整合"的根源性问题[11]。河长制在江苏省无锡市的实施成效较为显著，2010 年 12 月 17 日《江苏省水利厅关于建立"河长制"的实施办法》（苏水规〔2017〕7 号）正式颁布，成为我国第一个省级层面的河长制行动方案[12]。2009 年，江苏将太湖治理经验逐步向淮河流域推广，随后云南、福建、浙江、广东省等地都对该模式进行效仿。2016 年，北京、海南相继发布河长制的实行意见和工作方案，成为新一轮省级政策试点。此外，16 个省（自治区、直辖市）也在市县和流域水系开展了河长制的探索与实践。2016 年和 2017 年，中共中央办公厅、国务院办公厅分别印发了《关于全面推行河长制的意见》（厅字〔2016〕42 号）和《关于在湖泊实施湖长制的指导意见》（厅字〔2017〕51 号），要求全面建立河长制、湖长制，为维护河湖健康生命、实现河湖功能永续利用提供制度保障。近年来，河长制实施效果显著，全国地表水 I ～ III 类水质断面比例由 2016 年的 67.8% 上升至2019 年的 74.9%，劣 V 类水质断面比例由 2016 年的 8.6% 下降至 2019 年的3.4%，截至 2020 年年底，全国累计清理整治河湖"四乱"（乱占、乱采、乱堆、乱建）问题 16 万个，清除河道垃圾 4210 万吨，拆除违法建筑面积 4650 万平方米，清除河道非法采砂点 1.27 万个，河湖面貌明显改善。

（3）数据赋能。数据赋能这一概念可以分解为"数据"与"赋能"。"数据"特指在科技革命中以移动互联网、云计算、大数据、物联网为代表的新兴信息通信技术产生的数据。"赋能"的解释在不同学科中有不同的含义。从词义上看，"赋能"的英文原词为 enable 或 enablement，在《牛津大辞典中》的释义为：给（某人）做某事的权威或方法，使……成为可能或使（某种设备或系统）运作成功。而"赋能"在公共管理学上的运用更多是指"赋予能力"，与"还权"相挂钩[13]。在国内，宋晓清和沈永东是第一批使用"数据赋能"概念用以分析行业协会商会如何强化组织效能[14]；杜智涛等则用数据赋能分析网络政治[15]。现阶段公共管理学学者在运用数据赋能时，更多是指在我国行政体制下能够通过新型信息技术手段提升基层政府的治理能力[16]、促进跨部门协作[17]、权力的部分"去中心化"[18]，以提升政府行政效率。

1.2.2　理论综述

"数据赋能河长制"作为一个新概念，其技术运用并不等同于实现数字治理。在技术应用的同时，应该要明确技术内嵌的制度应如何有效"赋能"治理实践。相比于信息技术的开发与应用，数据赋能河长制考虑到了更深一层，不仅考虑了互联网应用能顺畅沟通、节约成本等较为表层的绩效，还考虑了互联网技术与河长制组织制度和组织结构之间的关系，"这也就意味着，提高技术治理的绩效不仅是互联网外包公司的事情，也是政府决策者需要深思熟虑的议题"[19]。在技术与制度的相互关系层面使得数据应用在数字政府上有更深层次的发展。

因此，如何以河长制为抓手，充分利用互联网技术，让水环境治理实现治理体系和治理能力现代化的目标，关键在于治理理念、治理体系、治理手段和治理能力的四个维度（见图1.1-1）。

（1）治理理念："人本"维度。技术应用是为人服务的。城市是人民的城市，治理是因人而异的治理，这一维度说明治理变化与人的特征息息相关，该思想最早可追溯到柏拉图的《理想国》：不同的治理应适应不同市民的文化特征变化。现代城市治理越来越关注城市人本的发展，如零点城市大数据研究院曾提出"城

图 1.1-1 城市治理现代化的四个维度

市人本马斯洛指数"[20]，从城市满足个人需求的角度考量城市发展水平。具体到河长制领域中，广州以提升河长履职能力和吸纳公众参与能量出发，践行人本治理理念。例如，广州在设计河长 App 的工作流程时，认真考虑基层河长对软硬件使用的接受程度和有效性等问题，不仅开发了最全面、最便捷的培训课程，还用简单易懂漫画的形式解读河长履职规范要求，供基层河长学习。在社会参与上，以"广州治水投诉"推动公众积极参与，充当治水主人翁。这种"人本治理"体现出源头治理的深刻内涵，同时也是贯彻水利部的强监管要求。监管是河长个性化的管理，而不仅是被普遍监管和泛问责；同时，"参与"是真正的参与，而不是虚假参与和形式参与。总体而言，重"人本"是河长制高产绩效的理念支撑。

（2）治理体系："扁平化"维度。以专业分工、功能分割、层级节制为特征的"碎片化"政府管理模式在工业化时代体现了效率和理性，但 20 世纪 90 年代后，随着网络信息技术的迅速发展和普遍应用以及服务型政府理念的提出和践行，该管理模式日益暴露出其固有弊端[21]。例如，由于科层的层级与链条过长，信息传播中的失真较为严重[22]；按照专业分工而设置的"条形"管理机构容易导致"条块分割"难以形成合力[23]等。而在互联网技术普及的时代，信息化技术有望打造扁平化和系统化组织，从而减少科层制的弊端。例如，有学者提出"去科层化"，期望以互联网重构政治科层体系中的信息沟通，减少信息传播层级，提高系统内的透明度。清华大学李希光等把扁平化运用在政府舆论引导上，希望打造"扁平化舆论引导机制"。具体到推动河长制尽快落地见效方面，广州打造了"五位一体"的广州河长管理信息系统，实现管理范围、工作过程、业务信息"三个全覆盖"，以问题线性流转模式实现问题交办跨部门跨层级的"活流程"，减少部门交易成本，带来了巨大的协同效益。

（3）治理手段："合法性"维度。"没有法治，便无善治，也没有国家治理的现代化"。在以技术应用赋能城市治理中应该着重考量治理手段的合法性维度，合法性包括了合法律性与合理性的双重要求。要让人能够接受规制或某种行事准则，则应通过社会化的方式，把制度内化成个人的行为准则和自我要求。数据赋能之所以能够拥有比信息技术应用更深层次的发展，一是以合乎法律规范的制度与行为获得合法性；二是通过培养组织文化或改变行事作风而获取合理性。具体到河长制领域，如何让基层工作人员和群众接受信息技术应用，而不是成为一件降低基层信任的"摆设品"或是"监控器"，需要两手提升：一方面是以有用性提升技术的合理性，例如，数据驱动基层河长减负是基层最受欢迎的技术应用：差异化巡河能通过水质指标灵活制定不同河长的工作量；线性交办模式能真正把部门联合起来为基层河长办服务，减轻河长办的协同压力；南沙综合执法模式通过整合基层力量，采用综合执法的方式共同解决涉水违建拆除攻坚任务，真正帮助基层工作者完成任务。另一方面是"合法性"的培育，河长制本身就具有制度性的优势，即党政一把手就是第一总河长或总河长，拥有了党员先进性和工作身份合法性，在动员说服群众工作上，具有合法性权威和魅力型权威，党员带头执行政治任务，从而牢牢把握住合法性维度，不断把技术应用与治理有机契合，以人民易于接受的方式打造合理的系统，进行合法的治理。

（4）治理能力："智慧性"维度。在城市治理现代化的进程中需要把握"智慧治理"。智慧城市是用一种更为智慧的新一代信息技术来改变政府、社区或公司与公众相互交互的方式，从而提高交互的明确性、效率、灵活性和响应速度。城市智慧治理的本质在于依托新技术、汇集众智提升城市治理能力[24]。数据时代使得智慧治理成为必然[25]，如南宁的"数字城管"、三亚的"智慧旅游"、重庆市携手阿里金融共建的"新型智慧城市"、上海新型"无线城"建设等，不同地区、不同领域都以智慧治理提升城市治理能力。具体到水环境治理领域，如浙江的"温州河长通"打造了河长制综合信息化管理系统，"甘肃水利"把云计算、大数据、物联网等技术运用到河长制中；北京基于 GIS 技术构建"互联网＋"与人工智能治水。而广州在数字治理中更强调"制度、体制、机制等方面与技术治理的有机融合"，例如在打造河长管理信息系统时，推出"两套网格体系""三种履职模式""四种管理机制"和"五级河长体系"，以体制机制的完善化释放信息技术的治理能量。

因此，提出数据赋能的概念，一方面是在理论层面说明了技术与制度之间并不会天然地匹配，应该考量技术应用如何与治理体系与治理能力相匹配，即强调"赋能"；另一方面是在实践层面，政府官员普遍对信息技术的应用认识尚浅。这是一个"互联网＋"技术应用的普适性问题，在"美国政府创新项目"评选中入选的项目也只是发生在操作的表层，没有顾及政治关系深层结构的完整性[19]。

对河长制而言，除了要考虑河长制管理信息系统的带宽、计算能力、处理速度等信息技术的问题外，还要考虑河长管理信息系统得以有效应用背后的治理理念、制度、组织结构、组织文化等更为重要的特征。而这些理念、制度、组织结构及组织文化等治理要素是河长制发挥治理绩效的重要前提，也是河长管理信息系统发挥深层次效果的重要支撑。

1.3　分析框架

1.3.1　数据赋能河长制的研究线路

本书在论述广州数据赋能河长制的实践经验时，以发展的视角说明广州在推行河长制过程中遭遇的"五大难题"（起步难、监管难、提升难、统筹难、推广难）。数据赋能河长制是顺应数字时代的必要举措，为此广州提出了"MADE"技术路线，针对广州河长制发展的不同阶段不同困难，运用数据赋能方式赋予河长制"五能"，最终完善了三大体系、实现了"四有"成效，为其他地区提供了清晰、可借鉴、可复制、可推广的数据赋能河长制广州路径。

广州探索数据赋能河长制路径并付诸实践，以"五能"驱动广州河长制的新飞跃。"五能"即指能效、能动、能力、能及、能量。能效指广州市河长制依托信息化手段实现了快速落地使河长制获得能效；能动指系统进一步压实河长履职责任，通过层层收紧的督导监管体系强化河长履职担当；能力指通过"高专精"培训平台提升河长履职水平，以水质—河段—河长数据强关联分析提供履职预警功能，提升河长履职积极性和主动性；能及指河长办作为统筹协调机构充分发挥其统筹协调力，做到"河长办吹哨、部门报到"的整体性治理；能量指提升公众治水参与的主人翁意识，使之成为官方河长的好助手。

广州在数据赋能的"五能"基础上实现了"四有"成效，"四有"即河长制实现"有名、有实、有能、有效"。"有名"建立河长制体系架构，实现河长制快速落地的基本诉求；"有实"应对河长制深化阶段的成效目标，压实河长制主体责任担当；"有能"激发河长制内生动力，满足水污染攻坚决战的必胜要求；"有效"体现广州治水实效，并且证明广州路径能长效，满足建设生态文明的使命追求。

1.3.2 研究方法

本书以文献梳理、实地研究、调查研究方法全面梳理广州在数据赋能河长制实践探索过程中的难题、做法与经验，以多维度、多层次挖掘出数据赋能河长制的广州实践路径，明晰了数据赋能河长制的丰富内涵，提炼出数据赋能河长制运行机制创新的广州方法，并总结形成一套内核清晰、适应性强、能适当推广应用的"羊城模式"。

　　首先，通过文献梳理，对广州市 1~10 号河长令进行详细分析，对支撑广州数据赋能河长制的相关法律法规等进行梳理总结，明确已有的实践经验做法。其次，通过深入基层调研关于信息技术平台的使用感与一线工作人员的实践经验，针对基层河长、部门协同和公众参与三大板块，完成了系统流转的 300 个案例分析和数据赋能公众参与问卷，形成了《数据赋能河长高效履职数据分析报告》《数据赋能跨部门协同数据分析报告》和《数据赋能公众治水参与数据分析报告》，见本书附录。最后，对各区具有极大参考价值的实践经验进行全域调查总结，调研人员主要调研了涉水职能部门、部分区河长办、部分治水社会组织，收集相关主体数据驱动水环境高效治理的实践经验，通过参与式观察的方法深入了解数据赋能河长制推动水环境层级协同治理和跨部门协同治理的内在机理，对数据赋能河长制的实际运作进行"解剖麻雀"式的研究。

2 数据赋能河长制
——河长制发展的时代需要

SHUJU FUNENG HEZHANGZHI
—— HEZHANGZHI FAZHAN DE SHIDAI XUYAO

2.1 广州河长制的发展历程

2.1.1 河长制的探索时期

2008 年以前，广州市水利局与广州林业和园林局在自然水循环与社会水循环方面各司其职，具有明显的"九龙治水"的部门分治特征。2008 年，广州市完成水务一体化改革，统筹全市涉水业务，试图以水行政主管部门"一龙治水"扭转"九龙治水"的局面，但由于缺乏"问题在水里、根源在岸上"的深刻认识，其他职能部门的协同作用被忽视。2014 年，广州市发布《南粤水更清行动计划》（粤环〔2017〕28 号），在 51 条河涌上设立河长，探索建立河长制。2016 年 12 月，中共中央办公厅、国务院办公厅颁布《关于全面推行河长制的意见》（厅字〔2016〕42 号），广州市落实国家要求，先后制定印发了《广州市全面推行河长制实施方案》（穗办〔2017〕6 号）、《广州市河长制办公室关于印发广州市河长制考核办法（试行）》（穗河长办〔2017〕47 号）、《广州市治水三年行动计划（2017—2019 年）》（穗府办函〔2017〕91 号）等一系列文件，为河长制的建立奠定了基础。上述阶段的管理模式可统称为"传统河湖管理模式"。

2.1.2 河长制起步阶段

河长制起步阶段的工作重点在于及早建立体系架构、明确职责分工，形成强大合力，以满足河长制快速落地的基本诉求。在河长制推行初期，特别是 2017 年以来，广州市深入贯彻中央和广东省关于全面推行河长制的工作要求，明确了河长制在治水任务中的重要地位，致力于建立、完善河长制体系制度和厘清各级河长及河长办的工作责任，实现河长制"师出有名"。与河长制起步阶段相适应，在河长办成立不到 3 个月，广州市率先推出广州河长管理信息系统（见图 2.1-1），开发河长巡河、问题上报、事务处理、河湖名录、河长名录、考核监督、数据统计分析等功能模块，满足河长制信息报送、河湖巡查、事务处理、河湖管理的全过程工作需求，实现河长制各级部门全整合、工作信息全共享、管理主体全对接、工作流程全覆盖。该系统可灵活适配现有工作，如按水利部要求，在覆盖全市河流（涌）、河段、湖泊、水库的基础上，进一步覆盖全市 4000 余个小微水体，为小微水体治理工作奠定了坚实的基础。

图 2.1-1　广州河长管理信息系统

2.1.3　河长制深化阶段

　　河长制的深化阶段重在从严管理，让河长制落实、落细，满足压实河长制主体责任担当的关键需求。广州市在初步构建河长制组织体系、制度体系、责任体系的同时，将严格落实治水任务与严格监管河长履职作为关键工作，"两只手握起拳头"，推动河长制体系真正运转起来。全市河长履职尽责，带头领治，从"要我干"到"我要干"，深入开展散乱污、村级工业园、沿河违章建构筑物整治等源头治理工作，实现河长制名实相副。

与河长制深化阶段相适应，广州在广州河长管理信息系统中推出履职评分、河长周报、红黑榜、河长简报曝光台等模块，建立全方位、全周期的履职评价体系，实现河长源头监管"带电长牙"。坚持深化管理、规范管理，推出4项地方管理标准和数据标准；坚持提醒在前、问责在后，层层收紧评价指标预警阈值；坚持量化评价、数据说话，实时掌控考核断面、河湖水质，追踪岸线管控和污染溯源，及时发现问题、传导压力，并将相关数据作为各级河长履职评价的重要依据。

2.1.4　河长制的决胜阶段

河长制的决胜阶段重在人才赋能、服务赋能、技术赋能、数据赋能多措并举，满足水污染攻坚决战的必胜要求。在广州河长制实现"有名""有实"的基础上，为进一步激发河长制推行的内生动力，提高河长履职基本能力，从而提升治水成效，广州市深入改革、新招频出、大胆实践，形成"河长制工作做得越好"等同于"治水工作成效越好"的强联系，实现河长制"能级跃升"。

与河长制的决胜阶段相适应，广州河长管理信息系统打造"一平台四体系"的常态化河长培训服务（见图2.1-2），一方面全力支撑省、市各项总河长令和治水专项行动，依托联合检查、海绵城市等特色功能，突破性地将水务、环保、城管、交通、园林等职能部门串联起来协同作战、携手攻坚；另一方面，推出

图2.1-2　"一平台四体系"的常态化河长培训服务

"广州河长培训"小程序,创新河长培训直播,推出我的履职板块,以任务清单的形式直观地向河长、河长办展示履职任务要求,提供提醒推送;推出差异化巡河、履职提醒、多样化巡河等接地气、河长喜闻乐见的服务,减少形式主义和推诿扯皮,为河长减负;同时,研发履职评价模型、水环境预警模型、内外业融合模型,服务于河长量化考评、黑臭反弹风控和督导资源分配,使其成为河长制管理的幕后军师。

2.1.5 河长制长效阶段

河长制长效阶段重在发展的全面与可持续,满足生态文明建设的使命与要求。近年来,广州市以河长制为关键抓手开展治水实践,水环境治理取得了决定性成果、历史性突破,这是广州河长制实现"有名""有实""有能"的必然胜利。但治水工作并非一朝一夕之功,消除黑臭水体只是阶段性目标,在解决了眼前的问题后还要考虑未来的发展,亟须建立长效机制,系统规划谋全局、善作善成谋当下、久久为功谋长远,实现河长制长期有效。

与河长制长效阶段相匹配,广州河长制依托"互联网+"技术,实现从分散治理到合力统筹、从高压监管向管服并重的转型,以权责一体化带动业务协同化,以管理标准化带动治理精细化,以培训常态化带动履职长效化,以服务可持续化带动治理可持续化(见图2.1-3)。

图2.1-3 广州河长制长效阶段

2.2　河长制推行过程中面临的挑战

广州市在河长制推行过程中面临的挑战可以归纳总结为"五难"，分别是起步难、监管难、提升难、统筹难和参与难。"五难"归根结底是传统运动式治水模式未能有效满足广州超大型城市的治水需要，这也具体表现为五大矛盾：传统运动式治水模式与治水长制久清需求的矛盾、传统河湖管理模式与庞大河长体系需求的矛盾、传统河长队伍与现代化河长高素质需求的矛盾、传统部门分治模式与水环境整体治理需求的矛盾、 传统封闭治水体系与开放式治理需求的矛盾。

（1）起步难。广州在河长制推行之初，河长履职规则、发现问题与解决问题的机制尚未建立，事务通过公文流转处理的效率低，信息链条未能打通，河湖动态不能实时掌握，信息不对称、信息查询统计难等现象层出不穷，这反映了传统运动式治理模式与河长制管理全覆盖的需要之间的矛盾。

（2）监管难。2018 年以来，水利部党组把"水利工程补短板、水利行业强监管"确立为水利改革发展的总基调，并明确强监管是总基调中的主调。然而，传统河湖管理模式与庞大的河长队伍管理需求的矛盾导致监管缺乏抓手、河长缺乏动能。一方面，由于强监管停留在突击、暗访的检查层面，不仅监管难度大、监管成本高，还难以形成有效威慑力；另一方面，由于监管缺乏抓手，河长履职不力缺乏证据佐证，基层河长履职不当等行为难以得到及时纠正，治水工作中容易出现"上热下冷"的不利态势，最终影响河长制的治理效能。

（3）提升难。河长制是庞大而复杂的系统，相关文件众多，各地的具体情况差异大，加之河长基本是党政领导干部，工作千头万绪，而且治水第一线的镇（街）级、村（居）级河长的变动比较快，一些新上任河长甚至从未接触涉水方面工作。究其原因，是传统治水队伍难以胜任高强度、高专业性的治水需求。据调查，在广州市的 1601 名河长中，有 78.2% 的河长未曾承担过河湖治理的相关工作。2019 年，广州新上任区级河长 51 名，占总数的 19.7%；新上任镇（街）级河长 202 名，占总数的 24.7%；新上任村（居）级河长 180 名，占总数的 10.6%。因此，培育一支高水平的河长队伍、提升河长管理水平，成为河长制发展亟待突破的瓶颈。

（4）统筹难。随着河长制工作的持续推进，广州市水环境治理对象不断扩展，治理内容的专业性要求不断提高，剿灭黑臭水体、攻坚劣 V 类水体的信念也更加坚定。但在传统河湖管理体系中，职能部门以问题"权属界限"为导向。因此，一些权属不清晰的治理对象往往成为水治理的"真空"地带，河长办不得不从统筹协调的务虚部门变为需要完成实际指标、解决实际问题的务实部门。在实际治水工作中，治理对象往往具有整体性，而治水任务通常被划分到不同职能部门，因此在面临跨区域、跨流域等"条、块"不对称的问题时，往往容易出现多龙治水的局面，最终造成行政上的"公地悲剧"。这反映了传统部门分治模式与水环境整体治理需求之间的矛盾。基层河长作为治水体系中的最末端，不仅担负问题上报和问题解决的双重角色，而且还要对部门责任空隙下的"公地悲剧"兜底处理，这导致基层河长对问题选择性上报、对政策选择性执行，难以调动基层河长履职积极性。因此，调动部门协同治理，形成治水合力是提升水环境治理效能的关键一招。

（5）参与难。广州市水资源丰沛，河网密集，传统岭南水乡的生活使公众对水环境有着更高、更强烈、更迫切的需求。然而，黑臭水体渐进式的侵入，逐渐吞噬了市民对美好水环境的记忆，甚至使得市民对良好水环境的渴望日渐消沉。归根结底，这是传统封闭式治水体系与现代化开放式治理需求之间的矛盾所导致的。在传统河湖管理体系中，公众参与渠道少，参与能力和效能感不足，加之涉水违法事件投诉无门，公众在水环境治理中容易产生参与的边缘感以及水环境治理不善的失落感。因此，如何重新激发公众的参与活力成为河长制推广成功与否的关键一环。

2.3 数据赋能河长制是顺应时代的举措

2.3.1 传统河湖管理模式难以解决河长制推广的"五难"

传统河湖管理模式难以解决河长制推广的五大难题，其问题主要可从纵向关系、横向关系和政社关系三个维度上进行分析。

（1）从纵向关系上看，传统河湖管理模式中的河湖问题层级交办主要依赖公文往来，这耗费了大量的协调成本和时间成本。而处于委托－代理关系下产生的信息不对称，一方面容易导致下级部门对上级布置的任务避重就轻，选择性执行容易完成的指标；另一方面导致上级部门难以及时掌握下级执行进度和执行效果，只能依靠书面台账来获取基层履职情况，如要发现基层履职问题，也只能采取抽查、突击等方式，对于后续整改情况的监督也同样缺乏抓手。因此，在传统河湖管理体系框架下，即使有各级河长办作为统筹机构，但在实际工作中仍呈现"上热下冷"态势，基层对上级政策缺乏执行动力，上级对基层缺乏考核抓手，难以真正形成层级协同治理的合力，最终导致河长制难以落地，河长制推行"起步难"。

（2）从横向关系上看，传统河湖管理的主力仍是水行政主管部门，但"问题在水里，根源在岸上"，"九龙治水"无法让水环境治理走出协同困境。在"条块分割"的背景下，治水工作难逃"碎片化"困境，当治水对象权属边界不明晰时，部门间容易推诿扯皮，大问题尚可以依靠"治水联席会议"进行高位协调，而常规业务的跨部门协同效能偏低，最终导致河长办寻求部门配合的"能及"难度大，即面临协调难的问题。

（3）从政社关系上看，民间河长、社会公众的参与均处于末端和边缘状态，这种参与更多体现在诉求或呼吁，特别容易造成公众参与成本高。当多次诉求石沉大海时，"社会参与"更多时候沦为自娱自乐。因此，充分调动智库专家、环保民间组织、公众等社会主体的积极性，解决参与难的问题，让社会的"能量"

成为多元协同的重要一环。

2.3.2 传统河湖管理体系难以整合"部门分治"与"统一治理"

（1）在治理对象上，部门分治容易引发权责空隙。传统河湖管理体系中，职能部门以问题职责权属为导向，面对一些权属稍模糊的治理对象时，"不主动"的做法易导致水环境治理出现管理真空。河长办在解决某些问题时不得不从统筹协调部门变为完成实际指标、解决实际困难的职能部门。在实际治水工作中，治理对象往往具有整体性，问题根源也并非单一存在，部门分治、层级分治，在面临跨区域、跨流域等"条、块"不对称问题时，极易出现各自"无视"的情况。基层河长作为治水体系中的最末端，不仅要承担问题上报的职责，还要对部门责任的空隙地带进行兜底，导致基层河长对问题选择性上报、对政策选择性执行，基层河长履职积极性难以被调动。

（2）在治理体制上，"多龙治水"容易导致权责关系不顺。一方面，无论是自上而下的目标布置、指标考核还是部门间的信息流转、业务协同，层层上报、逐级流转的方式容易出现信息不对称。另一方面，涉水职能部门不仅要接受上级主管部门的垂直领导，还要根据属地管理原则，接受属地政府统筹协调。因此在面对一些问题边界不明晰时，职能部门会以非本部门职责为由进行卸责；而在属地管理权力相对较弱的背景下，"镇（街）吹哨，部门报到"出现倒挂，形成"部门领导，镇（街）执行"局面。例如，在基层访谈时有人提到，镇（街）吹哨后有些部门人员到现场报到了，但并不重视，原本应职能部门处置的问题，变成由职能部门监督镇（街）完成处置，严重打击了镇（街）吹哨的积极性。这些现象的背后更多是双重管理下的权力关系问题，广州市各级河长办亟须优化属地管理的抓手，理顺治理主体间的权责关系，塑造一个"职责明晰、体系完善、覆盖全面"的新型治水协同体系，从而更好地应对治水对象整体性与紧迫性的问题，实现从"河长看得见、管不着"向"河长看得见、管得着"转变。

2.3.3 传统河湖管理手段在"治理链条"中停留在末端

首先，由于缺乏信息化管理手段，传统河湖管理体系对治水质量难以有效把控。基层治水更倾向于使用易入手、见效快的方式，特别在面对多重考核任务的情况下，基层往往会选择执行更容易衡量和显而易见的指标。而污染源的全面摸查、雨污系统整体改造等全过程治理难以凭基层一己之力解决，长久以来便会形成头痛医头、脚痛医脚、治标短时的末端"掩盖"治理方式。综上，末端治水缺乏对源头和过程的有效管理，难以从根本上解决深层次的污染问题，因此，需要源头治理，回归对人的管理，以强监管提高河长履职担当。

其次，缺乏信息化治水全流程管理。在水环境治理过程中，由于缺乏发现问题的途径和抓手，处置问题通过公文流转，一般具有事后性和被动性。只有在水体发生严重问题，例如水体已经出现无法忍受的黑臭情况后，水质问题才会得到重视和治理，过程控制严重不足，更谈不上风险预警。

综上，在传统的末端治理理念下，水环境治理具有滞后性和被动性，需要以源头治理兼顾"盆"与"水"，提升河长履职能力。

2.3.4 河长制发展乘上信息化发展的"快车"

河长制在发展遭遇瓶颈的同时，也赶上了网络信息技术蓬勃发展的契机。网络信息技术是全球研发投入最集中、创新最活跃、应用最广泛、辐射带动作用最大的创新技术，也是全球技术创新的竞争高地。河长制顺应这一发展趋势，大力发展核心技术，加强关键信息基础设施安全保障，完善网络治理体系，紧紧牵住核心技术自主创新这个"牛鼻子"。国家高度重视大数据在生态文明建设中的地位和作用。2016 年生态环境部出台《生态环境大数据建设总体方案》（环办厅〔2016〕23 号），指出要加强大数据在生态环境中的综合应用和集成分析，为决策提供支撑；2019 年 6 月，中国环境保护产业协会环境"互联网 +"专委会成立，通过大数据、物联网、人工智能等技术，推动环境治理向精细化、主动预防、科学决策转变；2019 年，水利部全面推进智慧水利工作，要求各地结合实际开展有关业务需求分析工作，为推进水利业务应用系统规划、设计、建设，切实提升水利网信水平奠定基础；同年，水利部印发《关于推进智慧水利健康发展的指导意见》（办信息〔2019〕59号），开展流域区域智慧水利试点和水利业务智能应用成果案例推广工作，同时加大遥感应用支撑强监管力度，充分发挥遥感技术的宏观直观客观、及时便捷高效的优势，探索遥感影像人工智能识别技术，提升水利监管工作数字化智能化水平。在中央精神的指示下，各省级、地市级河长制工作积极探索如何把信息技术应用在水环境治理中。例如：广东省开创了"智慧河长"，实现全省的河长管理统一化；深圳市则初步构建了"水库数字孪生体系"，利用 BIM 模型、大场景 GIS 技术等辅助河长治水工作；南京市利用大数据、云计算、移动互联网、物联网、人工智能等技术手段，构建可视化的河长制中枢指挥系统。

总的来说，全国各地都在不断探索如何以信息技术手段突破河长制发展的瓶颈，让河长制的制度优势更好地转化为水环境治理效能。广州市借助信息化技术手段，开展数据赋能河长制的实践探索，形成了数据赋能河长制的技术路线——MADE 模式。

2.4 数据赋能河长制的技术路线——MADE 模式

传统河湖管理模式难以解决现阶段遇到发展问题。要推动河长制进一步发展，广州市一方面需要从理念、体系、机制、过程上进行全面升级，以契合新时代水环境发展的需求；另一方面需要重点突破，抓发展的"牛鼻子"，推动河长制实现"有名、有实"和"有能、有效"。广州市在河长制全面升级的实践探索中，形成数据赋能河长制的总思路，总结出内核明确的数据赋能河长制的技术路线——MADE 模式（见图 2.4-1）。

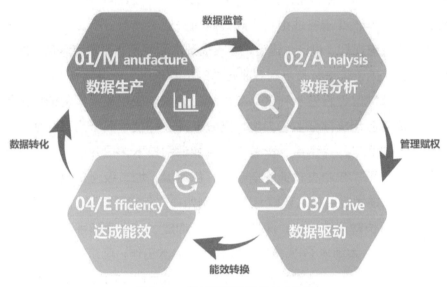

图 2.4-1 数据赋能河长制的技术路线

广州市数据赋能河长制在不同层次上有不同的特征。广义的数据赋能河长制是指在河长制体制机制需求及目标框架下，围绕河长制工作任务，利用数据资源和数据技术赋予河长制新的能量，提升河长制统领能力和执行效能，这里的"数据"指河长制全生命周期数据，包括电子与非电子数据。狭义的数据赋能河长制则是指利用电子化数据，如利用广州河长制信息系统生产的数据，通过大数据分析方法为河长制提供更强的决策能力、洞察能力和流程优化能力，这里的"数据"特指系统数据。本书既包含广义数据赋能河长制的赋能实践，也包含了狭义数据赋能河长制的具体案例。

广州在数据赋能河长制的实践中创新提出一套数据赋能的理论流程（MADE）。该流程包括了数据生产（Manufacture）、数据分析（Analysis）、数据驱动（Drive）、达成能效（Efficiency）四个环节。

2.4.1 数据生产

数据生产是广州河长管理信息系统接受外部输入及内部生产数据的阶段。数据采集的多元化和智慧化是推动数据高产的重要生产力，利用广州河长管理信息系统等渠道收集前端数据，包括基础的静态数据以及监测监控及业务过程产生的动态数据，在后端开展无差别的简单清洗和加工，初步挖掘数据的粗放价值。通过智能化、网络化方式，将河长管理中零散的、孤立的数据彼此连接，形成数据网络，成为智慧化的基础设施，形成可以进行风险感知、监督管理、指挥决策、响应处置、协调联动的"神经中枢系统"。数据生产的特征可以总结为以下两点：

（1）数据采集多元化。广州河长管理信息系统作为涉水信息的数据中台，覆盖和协同治水多元主体，成为涉水数据接收、数据采集的入口；通过建设桌面 PC 端、手机 App、微信公众号、电话投诉、专题网站五个应用端，将治水数据统一吸纳入系统平台。

（2）数据交换与共享实现水务信息一体化。广州河长管理信息系统作为以水环境治理为中心的智慧中枢平台，一方面实现涉水信息的集中汇聚与处理，推动涉水信息一体化发展；另一方面，打破了信息闭塞的局面，优化信息共享交换机制，打通部门间信息沟通链条，为跨部门协同搭建互通桥梁。

总的来说，广州河长管理信息系统作为治水数据中台，整合了各方涉水数据，实现了部门间信息共享，成为各个涉水职能部门联手破解治水过程"碎片化"的有力抓手，实现了"无缝隙政府"。

2.4.2 数据分析

广州河长管理信息系统可进一步强化数据监管和数据利用，其功能包括数据比对、数据挖掘以及数据知识发现等。通过人工智能、机器学习＋专业研判、人工纠偏相结合的方式开展数据分析和精加工，广州河长管理信息系统能及时发现各类问题并分析其症结、规律，从而抓住工作中的不足，衡量目标差距，找到发展方向。广州河长管理信息系统在水环境治理中通过对多源异构的数据的比对、分析、预测建模、关联分析和异常检测等，在数据分析中形成"风险预警"，以真实、准确、全面地展示水污染环境的现状和分布、迁移规律等。

（1）以大数据分析挖掘河长履职潜力。通过对河长履职数据的挖掘与分析，广州河长管理信息系统可以精准找到河长履职不足、河湖治理问题的深层次原因，及时清除重大问题扩散风险，是实现河长制从"有名、有实"到"有能、有效"的重要技术抓手。

（2）以河长履职大数据实现预警。利用河长管理信息系统把河湖水质与河湖基础信息、河长履职数据关联起来，通过大数据分析方法、人工智能技术数据建模，为河湖水环境预警、河长履职预警提供基础支撑。

（3）以河长履职大数据实现精准监管。通过数据监管，形成"可倒查、可追溯、可问责"的履职监管体系，用翔实的数据传导履职压力，压实责任，倒逼问题处置。

2.4.3　数据驱动

数据驱动通过体制机制为数据赋权，让数据"带电长牙"；数据反作用于管理，为管理管理赋能。数据驱动既包括"能力"（手段）也包括"能效"（效率），从而有针对性解决各类问题，提升河长履职效率，提升河长系统预警、决策能力。

在对数据进行充分分析后，通过体制机制为数据赋权，应对各阶段存在的问题，有针对性地制定解决方案，并通过数据驱动执行。广州市从五个层面（实履职、强监管、优服务、广支撑、全参与）开展赋能：在实履职层面，以信息化手段为抓手，压实河长履职责任；在强监管层面，以量化、全过程、科学的跟踪管理技术路线解决监管难的问题，提升河长履职担当；在优服务层面，打造更为接地气、人性化、务实贴心的功能版块。在广支撑层面，以攻坚任务突破部门壁垒，把河长办的涉水职能单位串联起来,高位协调解决跨部门的信息传递与事务协作;在全参与层面,吸纳社会治水力量,打造"共建共治共享"的全民治水体系,问策于公众,加强公众的参与感和话语权。

2.4.4　达成能效

数据驱动管理服务产生成效,达成管理能力到管理效益的高效转换。广州河长管理信息系统将成效数据化,并重新被系统采集利用,驱动新的赋能循环,不断迭代进步,形成长效机制,释放数据赋能河长制的深层能效。在达成能效的基础上,赋能又作为新的重要数据带动数据生产、数据分析和数据驱动提升,最终能够在新的数据赋能 MADE 环节上把河长制的制度优势转化为治理效能。

3 数据赋能河长制的经验做法

SHUJU FUNENG HEZHANGZHI DE JINGYAN ZUOFA

广州在推行河长制的不同阶段遇到了不同的发展难题，最终可以归结为"五难"。为破除"五难"，实现河长制的新发展和新飞跃，广州河长制以数据赋能实履职、强监管、优服务、广支撑、全参与为途径，分别在河长制的各发展阶段有针对性地解决河长制发展的不同问题，推动河长制从"五难"走向"五能"（见图 3.0-1），切实做到数据排"难"赋"能"，在实践中总结出一条可复制推广的数据赋能河长制的广州路径。

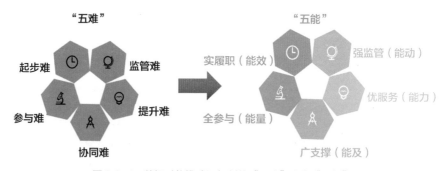

图 3.0-1　数据赋能推动河长制从"五难"走向"五能"

3.1　能效——数据赋能实履职

河长制推行之初，为解决河长制起步难的问题，助力河长制快速落地发挥制度能效，广州市以"五位一体"的河长管理信息系统为抓手，构建出体系完备、分工明确、互通有无的河长制基本架构。这同时意味着，贯彻落实河长制不仅要落实《关于全面推行河长制的意见》的实施要求，更需要贯彻落实该《意见》背后的治理理念，要高度认识河长制不是毕其功于一役的一次性治理或运动式治理，而是全面铺开、全力以赴的精细化治理，以"绣花功夫"打造最完备的河长体系架构，并辅以信息化平台，确保水质长期向好，满足群众消除黑臭水体的诉求。

3.1.1 河长管理信息系统"三个全覆盖"赋予河长制落地能效

在传统河湖管理模式中，不同主体之间存在较为严重的信息不对称问题，数据共享机制不健全，不同水务系统之间相互封闭，形成了不同的信息孤岛，最终导致跨部门数据共享难度大，数据格式缺乏统一，信息无法复用。数据失去了其内在价值，"躺"在数据库中变成"死数据"。数据与治理"两张皮"，数据与治理的简单相加难以发挥数据价值。

为解决上述问题，广州在实践中探索并打造了一个统领全局、协调各方的"数据中台"——广州河长管理信息系统。广州河长管理信息系统由河长管理信息系统 PC 端、河长管理专题网站、河长 App、"广州治水投诉"微信公众号、电话五大部分组成（见图 3.1-1）。该系统服务于各级河长、河长办、各职能部门和河长社会监督体系，保证了各类河湖污染问题在上报、转办、受理、办结等过程中能够顺利流转，各级河长能通过系统有效地开展巡河、河流（涌）保护、上报河流（涌）问题、处理河流（涌）问题和日常事务处理等履职工作。

图 3.1-1　"五位一体"的广州河长管理信息系统

具体而言，广州市依托信息化手段推进河长制工作，在提升履职能力方面，强化河长培训；在监督河长履职方面，通过设定客观测量指标，提升监督问责的精准性；在体制机制方面，强化制度保障，提升治水效能。

（1）在管理上，广州河长管理信息系统实现了"三个全覆盖"。

1）管理范围全覆盖。在河湖管理方面，开发河湖名录、河档河策功能，实现了对广州市 1368 条河流（涌）、9092 个河段、51 个湖泊、363 个水库、4938 个小微水体的全覆盖；在机构及人员管理方面，开发多层级、可延伸的"机构名录"及"河长名录"，实现 190 个河长办、605 个职能部门的全整合，以及 3000 余名河长、667 名河段长、560 名人大代表和政协委员、3000 余名工作人员的串接联动。

2）工作过程全覆盖。面对业务需求加码，系统在总体设计框架下不断整合、迭代、优化，陆续开发河湖巡查、事务处理、污染源治理、海绵城市、联合检查、报表等功能模块，满足河长制对信息报送、事务处理、河湖管理的全过程需要，业务全过程精准留痕。依托系统，各级河长年均巡河次数超 50 万次，年均巡河里程超 100 万千米，年均上报问题超 4 万件，问题办结率稳定维持在 98% 以上。

3）业务信息全覆盖。系统实现河湖名录、河长名录、履职信息、社会监督、治理成效、考核评价等基础和动态信息的全覆盖，为河长制从数据采集走向数据赋能打下坚实基础。

（2）在功能上，实现了河长或公众通过数据平台随时随地上报污染源。

前期，污染源信息录入后，数据平台记录信息并报送至河长办，河长办通过问题上报基本信息，借助数据技术"挂图作战"，精准匹配治水权责，确定问题责任主体，按照问题的归属责任，流转到相应职能部门。中期，相关部门二次核查流转问题的权属，若问题明确属于部门规定的权责范围则由相关部门直接解决；若问题不属于该部门权属范围则再流转给同级河长办或上级主管部门。若镇（街）或村（居）河长办发现问题需要借助市级或区级职能部门力量，则可以通过信息系统先把问题流转给市（区）河长办，市（区）河长办再把问题分配到同级职能部门，市（区）级主管部门会以垂直管理方式调动下级职能部门参与问题的解决。后期，河长办对办结问题进行审核，对审核通过的问题进行销号，未审核通过的问题则再次进入流转。同时，河长管理信息系统对问题流转全过程留痕管理，市级河长办可以根据数据平台记录信息对办结问题进行督察，进行动态监督考核。可见，从前期问题上报，到中期问题处理，再到后期办结监管，数据赋能跨部门协同治水实践（见图3.1-2）。

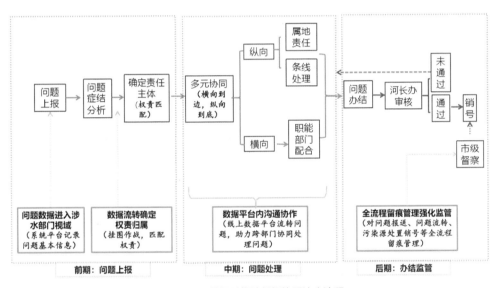

图 3.1-2　数据赋能跨部门协同治水流程

广州河长管理信息系统上线以来，以高效的数据流转速度及多样化功能，在服务于河长制工作、推进水污染防治，尤其是黑臭水体的治理工作、河湖管理保护工作等方面起到了很好的促进作用。数据压实了各级河长职责，大大提高了各治水相关部门之间的联动协调合力，治水工作效率和社会的治水参与度显著提升[26]。

3.1.2 构建合理分工体系，激发各级主体的参与能效

治水工作职能分工的不明晰、不合理，是许多治水问题产生的根源。有的部门想管却管不着，有的部门要管却没能力，在权责不匹配的情况下，各级主体的工作积极性被消解。在河长办设立初期，与其说河长办是一个职能整合的机构，不如说它更像是一个职能累加的机构。基层河长办在机构设置时挂靠在城管科或水利科，定位在攻坚任务上，主要侧重于对拆违攻坚任务或河道治理任务的推进，而缺乏对各部门的协调统筹。

为此，广州市构建了市级河长、区级河长、镇（街）级河长、村（居）级河长、网格长（网格员）的纵向体系和"河长吹哨、部门报到"的横向分工体系。

（1）按照区域与流域相结合、分级管理与属地负责相结合的原则在原有四级河长体系基础上建立市级河长、区级河长、镇（街）级河长、村（居）级河长、网格长（网格员）五级纵向河长体系。市级河长主要负责河长制的组织领导、决策部署和监督检查，解决河长制推行中遇到的重大问题。区级河长是本区推行河长制的第一责任人，对本区河湖管理保护负总责。镇（街）级河长主要负责落实河湖的整治与管理保护工作。

（2）建立起"河长吹哨、部门报到"的横向分工体系。具体来说，在日常巡河的工作中，河长一旦发现涉水问题时，可以借助手机登录信息系统，进而通过信息系统进行问题的快速上报，系统会自动精确定位地点。除了系统自动识别外，基层河长还可以通过上传图片、增加文字描述等方式完善问题上报的信息，向河长办传递信息。在系统中，河长办则主要扮演着"中转站"的角色。河长办借助数据技术实现"挂图作战"，根据平台上传的信息，进行治理任务的分派。受派部门则需根据有关要求和实际情况进行问题处理，同时也有权限将不属于自身职责范围的问题退回至"中转站"，由河长办进行问题的二次分配。通过"河长办分派，职能部门反馈"的信息流动，相关部门的权责匹配得以实现。"一龙

管水，九龙治水"的体系改善了过去河长办大包大揽的局面，同时在具体工作上促进了职能部门主动作为。

3.1.3 打破信息壁垒，赋予部门协同及信息传递能效

河长管理信息系统整合了政府部门间的相关治水数据，并构建了部门间沟通的平台。广州市把市、区、镇（街）、村（居）、网格长（网格员）五级河长，市、区、镇（街）三级河长办，以及所有相关涉水职能单位纳入河长管理信息系统中，每个成员单位均有"联络人"负责相关问题的接收和处置，当基层河长遇到的问题事项超出了自身能力或权限时，能通过河长信息系统呼叫水务、生态环境、城管、工信、农业、住房和城乡建设等职能部门协同，促进和完善"河长吹哨，部门报到"机制，支持基层河长解决治水"最后一公里"。广州河长管理信息系统的使用，改变了过去部门数据垄断、部门本位主义的状况，带动部门间的多元协同，构建"横向到边、纵向到底"的水环境治理体系，以部门合力增强河长办治水能力，实现治水成效巨大飞跃。

3.2 能动——数据赋能强监管

在全面推行河长制之初，由于水环境治理历史遗留问题多、制度机制不健全，存在明显短板、监督落实不到位等，河长履职存在积极性不高、能力弱、效率低等问题，"监管难"成为阻碍河长制从"有名"走向"有实"的关键因素。

"监管难"的问题具体表现如下：

（1）履职掣肘多。各区都存在涉水违建、雨污合流、污水直排等历史遗留问题，难以达到河道管理范围全贯通、彻底杜绝污水直排等要求，河长觉得这些棘手的问题报了也解决不了，上报问题避重就轻。

（2）履职冠名制。河长制"冠名制"有名无实，表现在镇（街）级、村（居）级河长上报问题少。2018年，广州村（居）级河长平均巡河上报问题率（上报

问题人数占巡河人数比率）为 12%，巡河流于形式；村（居）级河长"四个查清"（违建、排水口、散乱污、通道是否贯通）平均完成率仅为 12%。

（3）履职考核虚。河长履职缺乏考核评价机制，做得好与差无法区分出来，严重影响河长履职的积极性。

为走出河长制"监管难"困境，提升河长履职担当，发挥河长主观能动性，广州市以"12345"管理模式为理论纲领，以层层收紧的监管"金字塔"压实河长责任，落实水利部强监管要求，推动河长制从"有名"走向"有实"。

3.2.1　一套理论为纲领——创新"12345 河长管理模式"

"12345 河长管理体系"是以"管理河长、服务河长"为宗旨，以构建责任明确、监管有力、信息共享、联动快速、互动顺畅、考核到位的河长管理平台为目标，紧密围绕河长履职全过程，从学习沟通、日常履职、社会监督、履职监管四大方面打造闭环管理体系，确保河长制工作全面落实。

"12345 河长管理体系"（见图 3.2-1）具有丰富的内涵和明确的特征。"1"是指一个系统，即建立一个"五位一体"的河长管理信息系统（PC 端、App 端、微信端、电话端、专题网站）。"2"是两重保障，即制度和机制保障。"3"是三种履职，即"形式履职、内容履职、成效履职"，这既是河长履职的三个不同层次，也是广州河长管理体系发展的不同阶段；从"形式履职"到"内容履职"再到"成效履职"是逐级递进、不断发展的过程。"4"是四种管理，即各级河长办依托信息化手段开展河长工作的"日常管理、分级管理、预警管理、调度管理"。"5"是五级河长，即市级河长、区级河长、镇（街）级河长、村（居）级河长、网格长（网格员）五级河长体系。

（1）"一个系统"为依托。在广州市河长办成立之初，依托"五位一体"的广州河长管理信息系统，广州市黑臭水体治理进程得到提速，以河长体系化管理为重要依托和抓手，形成了内容"全覆盖"、任务"广链接"、系统"接地气"、功能"便履职"的四大特征。

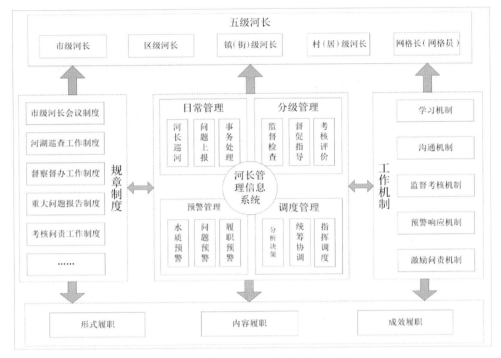

图 3.2-1 "12345 河长管理体系"示意图

1）内容"全覆盖"。广州市依托互联网技术实现了管理范围、工作过程、业务信息的全覆盖。具体而言，管理范围全覆盖指广州河长管理信息系统已把各级河长、各级河长办、各职能部门等不同治理主体和全市河湖信息纳入系统管理；工作过程全覆盖即满足了河长制信息报送、河湖巡查、事务处理、河湖管理的工作全过程需要，实现事务全过程留痕，可倒查追溯。业务信息全覆盖即系统实现了河长制河湖名录（一河一档）、河长名录、履职信息、社会监督、河湖监测信息等基础和动态信息的全覆盖。

2）任务"广链接"。广州河长管理信息系统并非封闭静止的系统，而是能随着治理的实际需求做加法的系统。除了承担监督河长履职工作，广州河长管理信息系统还随着水环境治理深度和广度的扩大加入了黑臭水体攻坚、考核断面监

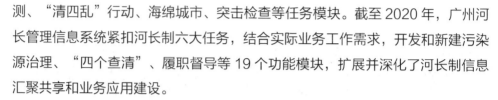

测、"清四乱"行动、海绵城市、突击检查等任务模块。截至 2020 年，广州河长管理信息系统紧扣河长制六大任务，结合实际业务工作需求，开发和新建污染源治理、"四个查清"、履职督导等 19 个功能模块，扩展并深化了河长制信息汇聚共享和业务应用建设。

3）系统"接地气"。广州河长管理信息系统做到"互联网＋河长制"技术与治水需求相适应，把河长管理机制与信息化管理相融合，实现从简单应用到辅助河长履职的功能，切实为基层河长减负。广州市在全面消除黑臭水体后及时调整履职指标，破除了巡河指标"一刀切"现象，开发了一套以水质为导向的弹性化履职评价模型，引导河长切实解决河湖治理问题。

4）功能"便履职"。广州河长管理信息系统依据治理的实际需求和基层的实际情况优化功能，切实为河长履职提供便捷。

（2）"两重保障"护实效。两重保障指制度保障与机制保障。在"法"与"行"的双重层面上为河长履职搭建了一套议事有规则、管理有办法、操作有程序、过程有监控、职责有追究的全过程保障体系。制度保障与机制保障是广州河长管理体系中的一体两面，两者既有各自的特殊性，又相辅相成。在有效整合下，广州河长管理信息系统分别在履职前、履职中、履职后三个阶段制定了责任追究、履职规范、履职监督、考核评价四种管理制度，并在信息化手段的辅助下形成了学习机制、沟通机制、监督考核机制、预警响应机制、激励问责机制五大工作机制，实现了制度规范与制度执行的统一（见图 3.2-2）。

具体而言，四种管理制度是指：①责任追究制度。广州市各级河长办结合区域实际，相应出台了责任追究制度，明确全市涉水单位和人员的主体责任，对违反相关法规，不履行或者不正确履行职责，导致水环境治理工作任务落实不到位造成不良影响或损失的，予以追究责任。②履职规范制度。通过《广州市河长制办公室关于印发广州市河长巡河指导意见的通知》（穗河长办〔2017〕10 号）和《广州市河长制办公室关于印发＜广州市河长制办公室（市治水办）工作规

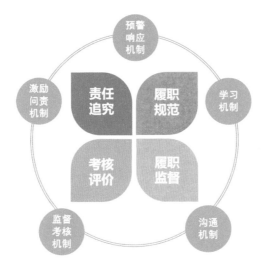

图 3.2-2 "四种管理制度"与"五大工作机制"关系图示

则＞的通知》（穗河长办［2018］138 号）等，明确了制度安排，实现了河湖长履职过程有法可依、有规可循。③履职监督制度。目前广州市已出台并实施了《广州市河长制办公室关于印发广州市全面推行河长制工作督察制度（试行）的通知》（穗河长办［2017］51 号），确保河长履职不懈怠。④考核评价制度。建立了"广州河长 App 河长履职积分指引"和"197 条黑臭河涌履职评价制度"，并将各级河长考核与水质效果直接挂钩，形成了以水质为导向的差异化考核模式。

　　同样，在信息化手段的支撑下，"五大工作机制"也具有丰富的内涵：①学习机制。广州市河长办通过打造线上线下"高专精"河长培训平台，编撰了简单易懂的河长漫画，让河长以最低的学习成本及时便捷地学习最新政策法规，打通政策落地的"最后一公里"。②沟通机制。通过广州河长 App 的即时通信平台将沟通过程简化，提升沟通效率，减少信息不对称。③监督考核机制。利用河长管理信息系统对河长履职实行全过程监管，将上级河长的提拔晋升与下级河长履职成效挂钩，实现强监管带动治水的"真落实"。④预警响应机制。采用信息化手段对河段、河长、问题、水质进行关联分析，及时提供预警预报，帮助相关责任部门单位及责任河长做好决策调度，提升河长的反应能力，帮助河长办及河长从被动解决问题到主动预防的转变。⑤激励问责机制。正向激励和惩处问责是解决"为官乱为、为官不为"的关键所在。广州市建立了应用考核评价体系和完善了督查抽查等手段，对没有正确履行职责的河长，在系统中的"黑榜"通报；对表现优异、治理成果突出的河长通过河长周报、红榜等进行鼓励表彰，打造了激励问责的有力机制。

（3）"三种履职"提升层次。"三种履职"指河长履职的形式履职、内容履职和成效履职。形式履职是指河长按河长制相关文件的工作要求，完成巡河及问题上报等日常任务，具体内容为河长巡河次数、里程数及巡河覆盖率等，是河长制的落地阶段。内容履职的关注重点从履职形式转移到履职内容，要求河长在日常履职的基础上，以专项任务方式控制管辖范围内的污染源工作。成效履职的绩效呈现则从过程转向效果和产出。根据广州市城市排水监测站每月的水质监测数据、系统内各级河长履职综合数据、河长责任河湖问题反弹情况等，开发了以水质结果为导向的"弹性化巡河"模型，引导河长关注水质状况，切实解决河湖问题。

形式履职、内容履职和成效履职是不同层次逐级递进、不断发展的过程。形式履职是通过信息化手段实现河长制工作内容全覆盖，目标更多以"全覆盖"带来强监管；内容履职则是在形式履职的基础上以强监管带来过程上的"真履职"；成效履职则从衡量履职过程到衡量履职结果，以"真履职"带动"高效能"。从形式履职到内容履职再到成效履职的转变不仅是任务更迭、治水工作循序渐进的过程，还是深化河长履职能效的螺旋式上升发展过程。三种履职均坚持以基层河长履职需求为导向，极大地提升了基层河长的履职水平与履职获得感。

（4）"四种管理"压实履职。

1）日常管理。即各级河长通过广州河长管理信息系统对河长巡河、问题上报、事务处理、沟通交流、学习培训等日常履职行为的管理。系统一方面作为强监管的重要抓手，实现对河长日常工作的各项任务实时把握、追踪和管理；另一方面是辅助河长履职、减轻河长履职负担的重要支撑。问题上报和问题处理更是在保持原有组织结构下，在新的层面上通过线性交办的协作模式整合不同职能部门，有效破除了"九龙治水"困境。广州河长管理信息系统整合了河长进行日常履职所需要的各种需求，极大地提高了河长履职水平与业务能力。

2）分级管理。分级管理明确了市、区、镇（街）、村（居）不同层级河长肩负的不同使命，在广州河长管理信息系统中采取分级授权的方式，明确了各级河长的权力与职责，厘清了各级河长之间的关系。形成上级河长监督指导下级河长履职、对下级河长的日常工作进行监督督促和考核评价，下级河长履职直接与上级河长考核挂钩的方式，实现了上下联动的层级合力。

3）预警管理。以河长巡河为基础、水质变化为参照、河湖问题为导向，制定出一套预警监测指标，利用信息化手段对河涌水质、河道问题、河长履职情况进行监督，实现风险的日常化、可量化和可视化管理。预警管理的具体表现为对河长巡河、问题上报、问题处理、水质变化、下级河长履职等进行预警。

4）调度管理。调度管理通常与预警管理相结合进行，通过采集河湖数据、河长履职数据，进行关联分析和统计。系统通过"一张图"可视化展现、"河湖数据"与"履职数据"交叉分析等技术实现了河长办的统一部署和指挥调度安排，做到全面、及时、准确地分析，第一时间掌握河长履职的动态和水质风险，并迅速作出科学的决策和协调。

（5）"五级河长"强化体系。广州设立了多级河长制度体系，在市、区、镇（街）、村（居）末端加设了网格长（网格员），即五级河长体系。2019年3月《广州市总河长令》3号令决定在广州推行网格化治水。全市19660个网格设立网格长（网格员），形成"网格长（网格员）、基层河长巡查发现问题，镇（街）级河长处理处置问题"的水陆共治机制，实现污染源巡查工作由"水"向"岸"深化、控源重点由"排口"到"源头"转换。广州河长制的五级河长巡河体系，成为实现"河长领治、上下同治、部门联治、水陆共治"的重要基础。

3.2.2 一个标准建规范——全国首推河长履职评价标准

为推动"强监管"常态化、规范化，科学量化考核河长履职的全过程，实现基层河长监督范围全覆盖，制定科学、合理、全面的河长履职评价体系是十分必要的。河长制能否真正落地见效，河长湖长履职担当是关键。广州市以广州河长管理信息系统运营经验和河长履职数据为基础，结合党中央、国务院和有关部委对河长制推行的具体目标要求以及广州河长履职评价现状，基于广州河长履职评价实践，对河长履职相关因素进行数据分析，建立了一套面向河长的河长履职评价指标体系及评价方法（见图3.2-3）。该指标体系及评价方法以"三种履职"（形式履职、内容履职、成效履职）和"四种管理"（日常管理、分级管理、预警管理、调度管理）为内容，形成立体化河长管理指标体系。同时，利用广州河长管理信息系统实现自动跟踪、自动汇集河长履职数据，督促河长积极履职，真实反映河长履职情况，并筛选出优秀河长与履职不积极的河长，鼓励先进，鞭策后进，激发河长工作的积极性、主动性，最终实现强监管的目标。

该体系以数据统计的方式对河长巡河、问题上报、问题处理、下级河长管理、河湖水质、激励问责、社会监督、学习培训等进行量化评价，包括村（居）级河

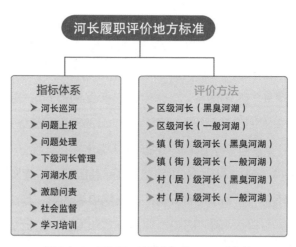

图3.2-3　河长履职评价指标体系及评价方法

长黑臭河湖履职评价权重表、村（居）级河长一般河湖履职评价权重表、镇（街）级河长黑臭河湖履职评价权重表、镇（街）级河长一般河湖履职评价权重表、区级河长黑臭河湖履职评价权重表、区级河长一般河湖履职评价权重表，形成了 8个一级指标和 24 个二级指标。经过三年试行，以不同指标评价结果为依据，对各级河长按照要求开展工作的情况、取得的工作成效进行监督管理，极大提升了河长履职能力。

3.2.3 一个平台为基础——信息平台为监督提供数据支撑

广州市通过搭建 PC 端、专题网站、App 端、微信端、电话端"五位一体"的广州河长管理信息系统，实现了管理范围、工作过程、业务信息"三个全覆盖"和污染治理、河湖管理、河长管理"三个精细化"。在此基础上对广州地方标准《河长履职评价指标体系及评价方法》推广试用，在评价方法的基础上，系统建立了不同级别河长与不同河涌类型的履职专题评价体系，对河长的各项工作进行数据挖掘，根据河流水质、巡河率、巡河覆盖率、问题办结率等评价指标进行综合评价打分，形成排名并进行专题分析，以信息化手段实现自动评分评价，减少人为干预，确保评价结果公平公开。

3.2.4 一套体系筑核心——打造层层收紧的监管"金字塔"

系统监管"金字塔"包括：河长履职评价、河长周报、红黑榜、曝光台（河长简报）（见图 3.2-4），四个部分层层递进，层层压实河长履职责任，推动河长履职有担当。

（1）《河长履职评价指标体系及评价方法》落地形成量化评价工具。河长作为河长制工作的直接推动者和主要践行者，其履职效果与河长制工作的成效直接相关。为使河长制高效稳步推进，广州始终坚持源头治理理念，将河湖与河长作为落实河长制的两大源头，通过对河长履职相关的因素进行分析，创新体制机制，推行量化考核，在评价方法的基础上建立河长履职评价模型，为河长全过程

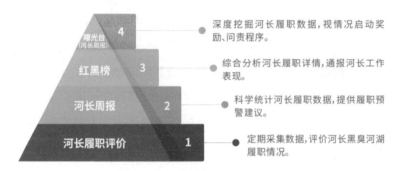

图 3.2-4　层层收紧的监管"金字塔"

履职（形式履职、内容履职和成效履职）打分，实时展示、分区排名，营造出你追我赶的正向激励氛围。

（2）以"河长周报"反馈河长工作情况。河长履职评价体系，科学统计河长履职数据，依托广州河长 App 设计的履职情况反馈结果。通过广州河长 App 定期向各级河长推送个人履职情况报告，帮助河长及时掌握自身履职状态，提升河长履职效率，降低河长的问责风险。通过广州河长 App 推送"河长周报"，展示河长每周的日常工作开展情况，包括河长巡河、"四个查清"、水质变化、黑臭河涌履职评价、管辖河湖问题发现及处理、下级河长履职、广州河长 App 使用等情况（见图 3.2-5），并对河长履职不到位、履职薄弱环节进行预警并给出建议，帮助各级河长及时掌握自身及下级河长履职状态、分析履职成效，提醒河长根据实际情况及时调整工作计划，防止因履职不到位而被问责。同时，各区河长办以"河长周报"作为开展河长管理工作的有效抓手，及时掌握各级河长履职情况，有针对性地对履职不到位河长及时开展提醒及培训服务。

（3）"红黑榜"履职通报。在广州河长管理信息系统里设立"红黑榜"，每周通报河长履职优秀或较差的情况（见图 3.2-6）。河长办通过电话随机抽查和河长周报中履职数据的连续性变化分析，监控河长履职变化趋势，对河长的巡河轨迹、责任河涌水质、下级河长履职情况等进行分析评估，对履职优秀、分级

图 3.2-5 河长周报

图 3.2-6 红黑榜

管理到位和积极推进治水工作的河长利用红榜进行示范表彰；反之用黑榜进行公开督促和提醒。截至 2019 年年底，红榜上榜 65 人，黑榜上榜 145 人。

（4）"曝光台"压实责任（见图 3.2-7）。广州河长办还对黑榜上不认真履职的河长进行曝光，每月定期通报履职差的河长，不断压实河长履职责任，及时解决相关问题，分析河长履职差的原因，追踪河涌水质反弹、水质黑臭的成因，并提出有针对性的意见建议，供责任部门及时整改，必要时进行深度曝光，对严重失责或不正确履责的河长移交纪委问责，促进河长履职上新台阶。

图 3.2-7 曝光台

3.2.5 一套方法为补充——"内外业融合"方法

内业是指对各类多源数据和问题（如河长履职情况、河涌水质数据、河涌各类问题等）开展多维度分析，聚焦问题河涌和疑似不履职河长。外业是指采取人工或无人机等手段开展实地巡查，成果以河涌存在各类问题的台账为主。所谓的内外业融合是指将内业和外业有机融为一体，数据共享，机制互通，内业的成果可以指导外业有针对性地开展某河段、某类问题的巡查，外业的成果能真实有效地反映河涌存在的问题，同时外业的数据返回信息系统后进一步更新迭代。通过内外业融合工作，可以定向巡查、定向督导河长，挖掘河涌存在的隐蔽问题、定向监管履职松懈的河长。

（1）技术路线。

1）以广州河长管理信息系统中的数据为数据源，内业工作人员对数据源梳理，经多维度分析后，形成巡查备选名单库。

2）内外业工作小组成员组织召开例会，在备选库中确定一条河涌开展外业巡查任务，外业工作人员完成巡查任务后，对其巡查成果进行整理、分析、汇总，形成巡查报告，然后将巡查成果报告反馈至河涌责任主体，并督促其履职。

3）经过一定时期的履职后，由外业巡查人员对河涌存在的问题进行检验，跟踪管理河涌、河长、水质、问题四个方面的后续履职效果，并及时反馈至广州河长管理信息系统中，以此对问题形成闭环。具体的技术路线见图3.2-8。

（2）应用流程。

1）内业管理。对广州河长管理信息系统中的水质情况、河涌问题情况、河长履职情况进行多维度分析，分别筛选重点关注的河涌，分析各项数据之间内在的关联关系，得出水质情况对应的河涌名单库、问题河涌名单库及责任河长所属的河涌库，再以三个维度筛选得出的河涌的交集为最终备选名单库，同时结合社会舆情等其他线索来源，对河涌情况进行综合研判，选取几条存在问题最严重的河涌为待巡查河涌，委派外业进行巡查。

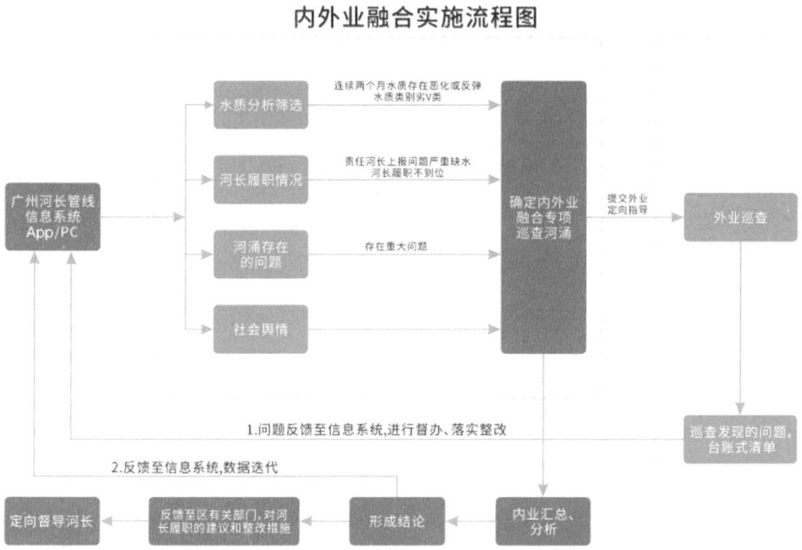

内外业融合实施流程图

图 3.2-8 内外业融合工作机制技术路线

2）外业工作。包括外业巡查、外业反馈、汇总分析、成果应用四个环节。外业巡查即根据内业委派任务，到河涌现场进行巡查。外业需要按照河涌特征问题开展专项摸查、河涌污染源常规摸查、河涌网格化查控及小微水体抽查，并及时对现场问题进行摸查上报，对水质同步进行检测。外业反馈即外业根据内业提供的河涌清单完成巡查后，形成巡查报告（巡查内容包括但不限于污染源分布情况、河长履职情况、重大问题办结情况、水质分析、污染源成因分析、污染源防控建议）反馈给内业使用，同时根据现场巡查发现的问题，上报至广州河长管理信息系统。

3）汇总分析。即内业利用外业提交的巡查报告，对问题情况、水质情况、河长履职情况、重大污染源成因分析、问题整改工作建议等进行综合分析，形成河涌内外业融合报告。

4）成果应用。即将内外业融合工作形成的成果反馈至主管部门，要求对存在的问题进行督导整改，同时也可对河涌责任河长履职不到位情况进行定向督导监管，督促其提升履职水平。

3.3 能力——数据赋能优服务

当河长制履职、考核步入常态化后，河长如何跨越专业隔阂、提升管理水平成为河长制发展亟待突破的瓶颈。消除河长后顾之忧，打造更为接地气、人性化、务实贴心的功能板块，引导河长从形式履职向内容履职、成效履职转变，是广州市在推动河长制由"实"到"深"过程中的必然要求。根据对广州全市基层河长调查分析可知，基层河长存在的履职客观问题主要包括：①河湖治理经验不足以应对长久以来形成的复杂水污染现状；②新上任河长数量多，履职能力有待提升；③基层河长多线作战，履职压力大，疲于应付。为此，广州市以"管服并举"的理念为先导，以"全周期"河长服务模式为抓手，以"一平台四体系"为依托，全面提升河长履职能力，解决提升难问题。

3.3.1 理念转变为先导——贯彻"管服并重"的源头治理

提高河长履职能力与水平，解决提升难问题是广州特色的治水理念——源头治理的扩展。源头治理是从"源头治污"到"源头治人"的延伸，广州探索构建了河长培训"学员体系、讲师体系、课程体系、评估体系"的完整体系架构，推出"广州河长培训"小程序，通过"线上自学＋线下培训"的联动模式，从源头上引导河长紧跟广州治水理念，助力河长履职水平从业余向专业提升、履职意识从被动向主动的转变。

3.3.2 建设"事前—事中—事后"全周期河长服务模式

基于服务理念出发，广州积极探索"管服并重"的河长制管理新模式，把源头治理思路与河长履职实际相结合，通过综合施策，逐步推出河长履职事前、事中系列服务举措和事后履职辅助力量，实现河长履职"全周期"服务（见图3.3-1）。

事前：履职提升服务	事中：履职关爱服务	事后：辅助力量动摇服务
1. 私人订制的履职培训； 2. 河长漫画	1. 差异化巡河； 2. 多样化巡河； 3. 河长周报	1. 网格化治水力量； 2. 公众举报投诉； 3. 民间河长； 4. 志愿服务组织

图 3.3-1　河长履职"全周期"服务

3.3.2.1　事前：履职提升服务

2019年12月，水利部办公厅印发《关于进一步强化河长湖长履职尽责的指导意见》（办河湖〔2019〕267号），提出河（湖）长制能否实现从"有名"向"有实"转变，能否真正落地见效，河（湖）长履职担当是关键。各级河（湖）长作为河（湖）管理保护工作的领导者、决策者、组织者、推动者，除了要主动作为、担当尽责，更迫切需要的是提升履职尽责的能力。

（1）私人订制的履职培训服务。通过广州河长管理信息系统的履职数据、河道巡查和水质监测数据分析，广州市河长办探索实施一种规模小、针对性强、形式灵活多样的河长履职能力提升服务。其形式包括以下几种：①专题培训。如新任河长培训、履职不达标培训。②基层河长现场培训。通过对拟培训河长履职数据的分析，专门制定针对性的课程，到基层河道现场与河长共同巡河，深入交流调研。③纽带式培训。通过市级巡查队伍摸底、系统数据分析，对一些水质恶劣、恶化的河道，按上下游关系组织流域内各镇（街）级、村（居）级河长，区、镇（街）级河长办人员进行连带培训、座谈，协同解决河道存在的主要矛盾。④区级河长培训。向区级河长宣贯治水思路，提升区级河长履职能力，发挥高位推进、统筹协调、综合施策、系统治水的作用。⑤直播培训。通过直播平台，将重点、热点工作通过新媒体辐射全市。⑥"广州河长培训"小程序。打造河长网络培训课堂，以微课形式向河长提供便利化、碎片化履职提升课程。

（2）个性化的河长培训。个性化的河长培训既能有针对性地填补基层河长履职薄弱环节、迅速提升河长的履职能力，又能够深入调研、了解基层河长履职存在的困难和问题，及时为河长提供贴合实际的政策支持和履职服务。

（3）有趣有实的河长漫画。河长履职主要围绕四大问题：干什么、谁来干、怎么干、干不好怎么办。为了让各级河长尽快进入角色，熟悉治水的各类政策、技术路线、履职要求等，广州市河长办陆续推出了《河长 App 实用手册》《问题识别有妙招》《我们的优秀河长》《履职不力要问责》《大家一起来治水》《河长的得力助手》等 14 册河长系列漫画，将课程融入漫画，帮助河长在具体工作、问责压力、治水理念等各方面实现全面提升，切实做到"巡河有内容、巡河有质量、发现真问题、解决污染源"，实现从形式履职向内容履职、成效履职转变。此外，将河长履职的一些关键信息进行整理归纳成《共筑清水梦》漫画图书，该书以"沉浸式"的阅读方式让河长在饶有兴致的阅读过程中不知不觉地学习和掌握履职技能，成为河长履职提升的暖心教材（见图 3.3-2）。

图 3.3-2　河长漫画图书

3.3.2.2 事中：人性化的履职关爱服务

党的十九大报告指出："各级党组织要关心爱护基层干部，主动为他们排忧解难。"基层河长处在治水的第一线，处在压力传导的最下层，是治水工作的骨干力量。广州市河长办在减轻巡河压力、提升巡河效率上下足工夫，通过减少河长履职的时间成本、精力成本，提升履职效率，给予河长最贴心的关爱服务。

（1）差异化巡河与多样化巡河。

1）差异化巡河。它是指巡河频次差异化，以河湖水质动态监测为手段，以水环境质量为导向，根据河湖水环境预警情况，实行差异化河湖巡查。河湖巡查预警分为通报预警、水质预警和问题预警；预警级别分为无预警、黄色预警、橙色预警和红色预警。根据不同的预警级别系统自动生成下一月度的巡河次数要求，水质（变）差的多巡、水质（变）好的少巡。差异化巡河是一种正向激励，可以充分调动各级河长成效履职的积极性，减少河长履职时间、精力成本，减轻了河长履职压力。

2）多样化巡河。它是指以治水工作替代巡河。为了让河长有更多的时间和精力投入到河湖治理的各项协调和部署落实工作中，广州市河长办设立多样化巡河机制。河长参加河湖管理保护有关活动，包括河湖整治工作（拆违、截污工程等）、河道管理相关会议、履职培训等，通过广州河长 App 的"多样化巡河"模块上报，可视同为 1 次有效巡河；避免了基层河长在全力推进治水攻坚工作后，还要匆匆忙忙赶去巡河的尴尬局面，给予基层河长人性化的履职关爱。

（2）河长周报履职提醒。河长周报每周定期向各级河长推送个人履职及责任河湖管护情况，包括河湖巡查、水质变化、事务处理、下级河长履职、广州河长 App 使用等，帮助各级河长及时掌握自身及下级河长履职情况，从源头抓早、抓小履职问题，实现科学有效履职，降低问责风险，提升履职效率。多样化巡河与履职提醒见图 3.3-3。

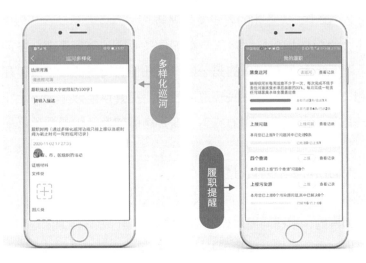

图 3.3-3　多样化巡河与履职提醒

3.3.2.3　事后：强有力的辅助力量支援服务

水污染的本质，是人的行为。广州密集的河网、延伸到城市各个角落的小微水体，加上 1500 万人口的密集分布，让治水护水成为一件难事。水环境的"长治久清"，需要激发和调动更广泛的治水力量参与治水。广州通过多途径发动，给各级河长提供了强有力的辅助力量支持。

（1）网格化治水。广州市总河长令第 3 号将全市划分为 19660 个网格，建成多级河长体系，形成以流域为体系、以网格为单元，横向到边、纵向到底，全覆盖、无盲区的治水网络体系。网格化治水把发现问题的责任落实网格长（网格员）身上，网格长（网格员）管理的空间更小、责任更具体、更容易落实。网格化治水实现"小切口，大治理"，能够把"散乱污"治理、违建拆除、管网建设、巡查管理等治水工作落实到每个网格单元，实现河长巡查工作由"水"向"岸"深化、控源重点由"排口"向"源头"转换。网格化治水让网格长（网格员）成为基层河长的左膀右臂，实现河长履职事半功倍和治水力量的乘积效应。

（2）全民共治格局。群众是水环境治理的最终检阅者，更是水环境治理的主力军。群众能够及时发现身边水污染问题，通过举报投诉、志愿活动等方式共治河湖污染问题。广州通过践行"开门治水，人人参与"理念，全面发动群众参与，对群众反映的水环境问题全面排查，及时反馈，取得了良好的全民共治效果。全民治水氛围浓厚，逐渐成为治水的力量支撑。

（3）公众举报投诉。开通"双举报"公众投诉渠道。开发了重大问题"百万大奖"和一般问题"随手拍"两个微信公众号，广州近两年共受理市民投诉1.5万宗，违法排水有奖举报公众号收到举报线索9139宗，逐渐呈现出全民共治的良好格局（见图3.3-4）。

图3.3-4　违法排水有奖举报

（4）志愿治水力量。志愿治水力量包括了民间河长与志愿团体。民间河长的参与是各级河长办贯彻落实"开门治水、人人参与"理念，主动吸纳、鼓励公众参与治水、护水的具体举措。目前广州共有民间河长8811名，日常自发、自愿、自费的巡河护河志愿者更是不计其数，仅车陂涌流域就有民间河长29人，"巡河护涌"志愿服务队 17 支、志愿者 490 人。广州通过河长系统开通民间河长账号，民间河长可以直接在河长系统反映和上报水污染问题，可以在手机端了解问题的处理进度，实现了向民间河长"赋权"，有效提升了民间河长治水积极性。民间河长成为官方河长的有力补充，齐心协力共治水。志愿团体的参与也是重要的力量之一。广州目前在册志愿者达 360 万人，包括共青团志愿驿站、社工组织、民间团体等形式。广州市河长办通过发布"最美巡河路线"（见图 3.3-5），联合广州市团委、教育部门全面发动志愿巡河活动；通过广州市青年志愿者协会环保总队等大型志愿团体对各社区志愿服务组织在地化培训和"传帮带"，逐渐形成了各个河段自发定期的志愿巡河活动，形成官民合力、共建共治共享的全民治水良好氛围。

图 3.3-5　最美巡河路线巡礼——荔枝湾涌

3.3.3　数据驱动河长培训新模式——打造具有针对性的河长培训平台

河长培训平台具有小规模、针对性强、形式灵活多样等特点。广州市河长办采取开展同一问题专题座谈、同一河段纽带培训、基层河长现场培训、区级河长送教上门、线上培训直播和网络微课堂等方式，针对不同的河长，用不同的形式、不同的方式实施个性化的培训。通过建立筛选机制、课程开发机制、跟踪评估机制，保障培训的有效性和长效性。河长培训流程如图3.3-6所示。

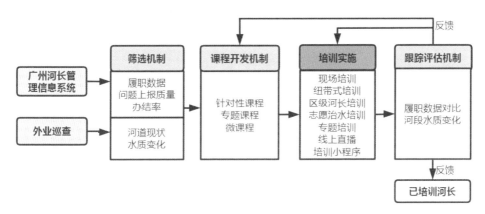

图3.3-6　河长培训流程

（1）河长培训的"三大机制"。

1）筛选机制是河长培训的基础。利用河长系统强大的数据筛选和分析功能，对各级河长履职数据、河道管理现状、河段问题及问题上报质量、问题办结率、河段水质变化等方面进行数据分析，对问题河段、履职不力的河长进行整理归类；通过购买服务实施外业巡查，由第三方技术力量对全市河道进行全周期巡查，建立河长、河道、问题、水质四个关联；针对发现问题河段建立履职不到位河长名单，形成拟培训河长库。

2）课程开发机制是培训实施的内容保障。在前期对履职数据进行筛选后，针对培训对象履职存在的薄弱点，分析成因并形成培训需求，制定与河长履职强关联的针对性课程。另外，针对典型的履职问题，也建立了微课程开发机制。按照"一个问题一个微课"原则，以案例为切入点，录制通俗易懂、深入浅出、贴合履职的河长微课程（时长 3~5 分钟），在广州河长培训小程序的"河长课堂"栏目发布，供河长日常学习。

3）履职跟踪机制是发挥培训成效的重要环节。培训的成效是否符合预期、是否能够填补河长履职薄弱环节、是否能有效提升河长履职能力，需要有培训成效的反馈，并进行及时的引导和纠偏。具体做法是对已培训河长建立为期 6 个月的履职跟踪电子档案，通过履职数据跟踪、对比分析，采用广州河长 App 即时通信、微信群、电话等方式定期与培训对象进行履职提醒和沟通反馈，形成培训成效评估，并持续改进培训的方式方法和课件内容。

（2）河长培训的五种形式。

1）现场培训。是通过对拟培训河长履职数据的分析，厘清履职不力的原因，结合有针对性的课件，到基层河道现场开展培训。通过共同巡河、边巡边讲，分享案例方案。现场培训的特点是气氛轻松自由，学员各抒己见，既是培训，又是交流；既能针对性地填补基层河长履职薄弱环节、迅速提升河长的履职能力，又能够深入调研、了解基层河长履职存在的困难和问题，为基层减负。例如对某镇培训过的 6 名河长半年的履职情况环比分析，其平均巡河率提升到 99.4%，问题上报数上升了 61.1%。

2）纽带式培训。是通过外业巡查，选定一些问题多发、水质恶化的问题河段，对该河段上下游关系的镇（街）级、村（居）级河长，区级、镇（街）级河长办人员进行连带培训、座谈协调，共同解决河段中存在的主要矛盾。以流溪河纽带式培训为例，花都区花东镇和白云区江高镇在流溪河是上下游关系，为切实解决该区域的水质问题，广州市河长办召集两区、两镇、四村 12 名河长 / 河长办人员，通过履职培训、问题查摆、讨论交流，厘清了影响河段水质的主要问题和监管盲区，搭建了上下游沟通交流平台。培训显示，上游花东镇各级河长重大问题上报率从 59.3% 上升到 70.8%。

3）区级河长培训。区级河长是落实河长制的"关键少数"，提升区级河长履职能力，有助于其发挥高位推进、统筹协调、综合施策、系统治水的作用。对新上任或有主动培训需求的区级河长通常采用送教上门的培训形式，内容包括治水技术路线、本区治污现状分析等。培训为区级河长提供了清晰、系统的治水思路，高位推动、横向打通治水力量，助力区级河长系统推进截污纳管和涉水违建拆除等重大专项任务。

4）民间治水力量培训。河长制建立长效机制，需要广泛发动民间治水力量，形成全民参与的治水格局。水污染的本质源于人的行为，调整、纠正人的错误行为，更需要依靠全民参与的力量。具体做法包括，通过建立与团委、中小学校、志愿者团体和民间河长的沟通协作机制，开展志愿者驿站培训、民间河长培训、进校园、进社区培训等活动；发挥志愿服务组织"传帮带"作用，有目的地培育社区志愿治水服务组织，形成以点带面、开枝散叶的民间治水力量培训模式。民间治水力量加强了政府与市民的联络，起到示范带头作用，提高了全民参与治水的热情。

5）专题培训。定期对河长履职情况进行筛选分析，对一些较为突出的重点问题、共性问题开展专题培训，如新上任河长、巡河不达标、重大问题零上报及各区、镇河长办人员培训等。这类问题需要多轮滚动培训才能及时有效化解。

（3）培训的线上模式。包括"广州河长培训"小程序和线上直播培训课程。

1）"广州河长培训"小程序。针对线下培训规模小、受众少的问题，广州市河长办开发"广州河长培训"小程序（见图 3.3-7），采取线上培训方式提升河长履职能力。小程序设有河长课堂、经典案例、趣味闯关、排水单元达标、河长漫画、河长会议、志愿活动等功能模块。河长课堂以微课为主要形式，分为管理篇、履职篇、案例篇、履职小技巧、全民治水五大类，方便各级河长利用碎片

图 3.3-7 "广州河长培训"小程序

时间进行自我学习，辐射全体河长及公众，提升各级河长整体履职能力。志愿活动汇集多个民间志愿服务组织的巡河志愿活动报名入口，打造集成化的志愿治水活动平台。"广州河长培训"小程序在上线后的 3 个月时间里，累计用户迅速达到 2 万余人。

2）线上直播培训课程。该课程结合当下直播行业的浪潮，根据受众的需求开展有针对性的直播培训；聚焦当前治水难点、重点问题开展专题直播，如小微水体治理、排水单元达标攻坚、农村生活污水治理等，提升河长和行业部门对当前治水重点、热点工作的专业水平和履职能力，让治水新政策和新要求迅速、便捷、透彻地宣贯到各参与主体；通过策划生活污水常识、违法排水举报等普适性治水课程，利用网络直播的广泛传播力量，提倡公众节水先行，参与治水，进一步营造"开门治水，人人参与"氛围。

3.4 能及——数据赋能广支撑

现代管理的分工和专业化在提高效率的同时，也容易导致管理问题"部门化""碎片化"。部门之间的沟通和协作机制越是不完善，越容易滋生"部门主义"问题。随着全球化、网络化和信息化的持续发展，公众对政府服务质量的期望不断提高，现代公共部门之间兴起了以治理为核心理念的跨部门协作。

河长办在决胜阶段面临的正是统筹难的问题。由于水环境治理的复杂性，水环境治理的相关职责分散在诸多部门中。在传统的治水体系下，部门之间存在职责交叉和重叠，部门职责的边界模糊容易导致"九龙治水"的局面，"各扫门前雪"现象非常普遍，既有"环保不下水，水利不上岸"的推诿思想拖后腿，又有信息不对称、碎片化治理等弊端。然而，水环境治理不是河长办的"一家之事"，只有所有涉水部门的配合，齐心协力对重点难点任务进行攻坚才能真正解决黑臭水体问题。

为此，广州提出数据赋能广支撑的"能及"维度，为解决水环境的碎片化治理提供了有效途径。"能及"对不同层级的河长都有不同的含义。对基层河长而言，是指通过业务拓展支撑攻坚范围扩大，从基层河长"看得见、管不着"和部门"管得着、看不见"的对立状态，转变为赋能河长"看得见，也管得着"的整体治理格局，实现管理对象"能及"。对上级河长而言，"能及"一方面是信息上的全面真实把握，为科学决策提供重要支撑；另一方面指管理范围的"能及"，从以往在水环境治理中调动职能部门的参与需要经历公文拟定、邮件发送、接收回函等一系列过程才能完成，转变为线上全流程管理。因此，"能及"是实现水环境治理"长制久清"的重要要求。

3.4.1 以业务拓展支撑攻坚"能及"

广州市剿灭黑臭水体、攻坚劣 V 类水体任务重、时间紧，治理对象和治理专业内容性不断扩展，这对河长系统的支撑能力和扩展能力提出了严峻的挑战。

（1）由于治水经验与治水模式尚未完善，各部门的权责划定尚未清晰，河长办作为水环境治理的统筹协调部门，却包揽了大量实质性工作，许多问题经过河长办流转后仍需要河长办亲自进行解决；基层河长权小责大的问题严峻，部分基层河长工作压力较大。尽管"九龙治水"转为"一龙治水"，但各涉水部门间仍未能真正实现良好协同，涉水职能部门协同治水成为治水新时期、新阶段需要解决的问题，"一龙治水"亟须转变为"一龙管水，九龙治水"。

（2）在传统河湖管理体系中，职能部门以问题"职责权属"为导向，由于部门的本位主义、监督体制机制的不完善以及部门之间协同治水机制的不畅通，传统的任务交办模式成本高、效率低，难以调动多部门协同。当面对一些权属稍模糊的治理对象时，易形成管理"真空"地带。基层河长和河长办在水治理的实际过程中是第一发现人，但在权力关系碎片化的部门分治背景下，往往陷入"看得见、管不着"的尴尬境地，最终，基层河长办解决某些问题时不得不从"统筹协调"部门变成完成实际指标、解决实际困难的"职能"部门。然而，实际上水治理对象往往呈现整体性和复杂性，水污染问题的根源也非单一存在，若单单依靠"条块分割"的治理体系往往会陷入职能部门"管得着、看不见"、基层河长"看得见、管不着"的两难境地。

为此，广州市结合治水实际，快速推出污染源销号、拆违、突击检查、海绵城市等配套功能应用，支撑市河长办靶向施策、精准攻坚。这些功能突破了部门壁垒，把河长办、海绵办的成员单位串联起来，纵向贯穿市、区、镇、村和网格，横向覆盖工信、城管、环保、住建、园林、交通等部门，解决了跨部门信息传递、事务协作、高位协调等问题，实现了事务线上处置和协同治理。在此基础上，广州市持续谋划水环境治理的可持续保障，推动预警前置，研发履职评价模型、水环境预警模型、内外业融合模型，服务于河长量化考评、黑臭水体问题反弹风险控制和督导资源定向分配，使其实实在在地成为河长制管理的幕后军师。

3.4.2　打造协同体系，支撑河长办"能及"

基于现实治水需求，广州市借助数据信息化手段，以广州河长管理信息系统为抓手，在优化科层治水结构、减少推诿扯皮、强化留痕管理等多个维度实现了数据赋能跨部门协同治理，治水工作逐步转向了"一龙管水，九龙治水"阶段。在此基础上，广州市形成了一套以河长办为数据中台，履行统筹职责，各部门协同治理的治水模式（见图3.4-1）。在横向协同中，各部门通过数据共享，打破了信息孤岛，完善了"河长吹哨、部门报到"的部门协同体系，实现了横向部门的良好协同；在纵向协同中，系统赋予了下级向上级反馈治理难题和需求的渠道。

实现总体水环境治理能效的提升，需要让河长办从"看得见、管不着"转变为"看得见、管得着"。传统科层制和政府部门的组织构架偏向专业化

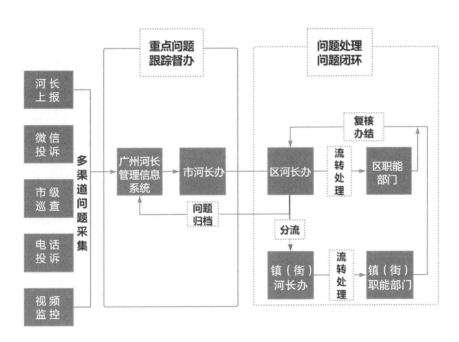

图3.4-1　广州市治水模式示意图

分工和分散化管理，容易导致"多龙治水""碎片化治理"的困境，造成部门协同受阻和不合理分工，河长履职缺乏统一指导和监管，难以激发河长履职动力。

在国家"数字中国，智慧社会"工作部署引导下，广州大力推进政务信息化建设体制改革，构建"管运分离"的"数字政府"建设管理新体制，形成大平台共享、大数据慧治、大系统共治的顶层架构，实现互联网和政务服务深度融合。自 2016 年以来，广州市高度重视治水工作，搭建了基于为各地政府相关水务监管、执行人员提供多功能一站式平台体验的河长制智慧水务信息服务平台，为实现"横向到边，纵向到底"的协同治水提供技术保障。而数据赋能河长制则是在部门分工的基础上实现以"问题为导向"的协同，在不打破原有科层体制的前提下，在新的层面上以信息化的线性联动模式实现协同治理。通过问题的线性流转，快速流转到问题所属的职能部门，从而实现在"虚拟"协同网络中达到联动的实际效果。从"部门职能导向"到"问题导向"实现的价值主要体现如下：一是"问题导向"不是眉毛胡子一把抓，河长能自行解决的简易问题可以直接解决，问题上报线性流转主要是抓住重点问题和关键问题，有效厘清了问题的重要性（如废水排放、散乱污治理等）和必要性（如排水单元达标建设、涉水违建拆除等），以问题的轻重缓急制作精细有序的"作战图"，将问题逐个突破逐个解决。二是地方党政一把手抓水资源保护、水域岸线管理、水环境整治、水安全保障等工作的全面统筹，以信息化为抓手最大限度地调动各级、各部门协同治理，最大限度地动员全党、全民积极参与，最终以"问题导向"实现权力关系从"碎片化"到整体治理的转变；以高位推动，压实责任。

因此，广州市以数据赋能为手段、"数据赋能＋河长制"以广州河长信息系统为抓手，将过去"多头管理"的情况转变为由河长统领、多部门配合的"一龙管水，多龙治水"局面。通过河长系统"线性交办"的方式，河长办把问题交办给指定的职能部门或单位，受办单位必须要解决问题，或者派人到现场二次核查情况。河长系统现已实现了涉水部门全覆盖，只要上报了新的问题，河长办都能"一键交办"，从而调动相关涉水部门解决其管辖河段内的问题，由此突破了问题必须层层交办的规则，打破了传统科层制结构下部门协同困境，河长履职得到规范和监管。

3.4.3 以信息传递的提质增效实现部门沟通"能及"

在传统的水环境治理结构中，各部门间的资源流动性、信息流通性比较低，在面对动态性强的治水工作时，不仅难以实现信息的实时共享，造成工作流转时间过长，更难以推动各部门资源的充分流动，造成资源的错位甚至浪费，影响水环境的治理成效。21世纪以来，随着数据技术在政府系统内的广泛应用，部门内资源得到了有效的统筹，在一定程度上推动了资源的精准搜索与对需求的精准匹配。然而，随着社会经济的发展，对数据进行简单处理的信息技术与治理方式已无法满足实现有效治理的要求。各部门虽然通过数据技术实现了部门内资源的统筹，但在部门之间仍然存有影响数据互通的障碍，导致部门"数据孤岛"现象时有出现，成为影响为水环境治理效能提升的一大阻碍。

由于信息传递的抓手不足，传统的信息传递具有失真性和时滞性，无法与现实情况保持高度一致，这造成部门沟通困境，最终导致治水工作的低质低效。为此，广州市发挥数据平台数据统一、时效性快等优势，实现数据赋能多部门沟通，最终形成了多部门的良好协同治水局面。

首先是在信息流转前端实现赋能。这主要针对的是过去基层河长信息上报难的问题。以广州河长App为例，该App是实现问题高效流转的抓手，可以为各级河长参与到治水工作提供许多便利。河长签到、巡河轨迹都能实时记录、上传以供查询，巡河动态信息实时进行公示，发现问题可即时上报、流转以及可查询。基层河长在日常巡河中一旦发现问题，即可以将问题实时上报，节省了问题上报的时间，保证了问题的时效性。由于问题上报花费的时间、成本较少，基层河长问题上报的积极性进一步得到了激发。通过广州河长管理信息系统的及时传递，问题在系统中能得到高效流转，从而提升了河长的水环境治理能力。

其次是在信息流转过程中实现赋能。这主要是指问题解决慢的问题。以广州河长 App 中 2020 年 2 月 26 日上报的一则问题为例。当天中午，广州市白云湖水利工程管理中心的一位工作人员在巡查中发现辖区内的鸡心岭水库存在排水设备损坏的问题，该工作人员迅速通过系统上报；系统接收到问题上报后，将文字、图片、地点等信息在平台上快速流转；作为平台流转中的首个受理部门，广州市河长办依据平台的信息，及时下达任务，要求增城区河长办跟进工作；增城区河长办依据相关流程，将问题流转至镇（街），迅速要求增城区荔城街道河长办处理问题；最终增城区荔城街水利管理所快速收到指令，在 2 月 27 日修复好排水设备。从该案例中可以发现，"排水设备损坏"的问题在流转过程中信息保持了其真实性，在短短的一天中就完成了上报、流转与解决，也彰显了信息平台的时效性，信息平台的使用推动了治水工作的高效。

3.4.4 拓宽公众参与渠道，实现公众话语"能及"

水环境治理能否成功的一个关键因素，就是能否拓宽公众参与渠道，提升公众参与感，形成强大的合力。目前，广州市已就河湖管理问题实现多样化举报途径，公众可通过"广州治水投诉"微信公众号的投诉页面、河长电话、12345 政府服务热线、广州治水投诉电话等方式进行有奖投诉。

在微信公众号上，点击"我要投诉"进入河道微信投诉系统；点击"投诉"反映身边河道的问题；再点击"现场拍照"描述投诉的河道问题，然后点击发送，最后顺利完成投诉。上传的描述、照片等材料经审核过滤掉无效信息后，问题将推送到广州河长 App 进行流转处理，投诉信息及其办理情况在微信投诉页面及广州河长 App 均能同步浏览，处理过程公开透明。投诉平台的便捷也提高了公民参与的积极性。在访谈时，有居民反映："平时吃完饭喜欢到河边散步，看到有问题也会拍下来，点开微信帮忙举报上去。毕竟自己生活的城市，大家都希望看到水环境越来越好，也更有利身体健康。"

过去，由于参与渠道不足，公众与和生活息息相关的水环境在某种程度上是两条平行线，不少公众就算看见问题也很少上报问题。主要原因：一是由于传统问题的上报手段较少，加之上报方式不便捷、宣传力度低，许多公众还不清楚自己也能参与改善水环境，久而久之会形成一种"治理只是政府一家之事"的认知，而自身对参与权的发掘不够；二是由于传统的问题上报手段成本较高，消耗了公众参与的热情，催生了公众"懒得报"的心理。而利用信息化手段，不仅拓宽了公众参与的渠道，也降低了公众参与的成本，促使更多公众能参与、想参与、会参与。公众的有效参与也减少了治水相关部门懒政、怠政问题的发生。

3.5 能量——数据赋能全参与

党的十九届四中全会提出完善"党委领导、政府负责、民主协商、社会协同、公众参与、法治保障、科技支撑"的社会治理体系，建设人人有责、人人尽责、人人享有的社会治理共同体。水环境治理作为宏观的社会治理的一部分，也强调由单一政府管理向政府与社会共管、共治转变。在多元主体间，必然存在不同的利益，而利益的差异也会产生利益冲突问题，这就需要各个主体秉承合作治理观念，通过沟通和协商，在强调各自利益的同时，寻找相互合作共存的利益集合，形成共同参与水生态保护和水资源治理的共同目标。另外，水环境治理是一项内容广泛的系统性工程，一方面，水环境治理包括法律、经济、社会、政治等一系列的活动；另一方面，水体的流动性和跨域跨界特点，使得水环境治理任务无法单独依靠一个部门、一个地方政府来完成[27]。

数据赋能河长制一方面要提升"推力"，通过参与渠道的拓宽实现"能及"，调动公众的参与积极性；另一方面也要提升"拉力"，构建出"开门治水、人人参与"的全民治水格局。因此，数据赋能最后一个维度是"能量"，通过赋予社会各界治水话语权，激发全民治水能量，形成"党建引领、政府主导、全民参与"的共建共治共享治水格局，解决河长制"推广难"问题，形成体系化的治水合力[28]。全民参与背后具有深刻内涵：水环境作为一项与公众生活密切相关的公共产品，其治理成效关系着能否满足人民对美好生活需要的重要标准，因此，将公众吸纳进水环境治理当中，形成"全民共治"的治水格局，是人民当家作主精神的重要体现。"全民"的概念不仅包括了民间河长、企业河长、社会组织等社会精英的参与，更是指普通公众也能参与到治水当中才能发挥"1+1>2"的能量。

3.5.1 开拓社会参与渠道，吸纳社会"能量"

开拓公众参与的渠道，就意味着要发挥技术平台的开放性，以开放信息端口拓宽公众参与途径，获得社会力量的支持与帮助。另外，拓宽公众参与渠道要处理好闭环运营与开放创新的关系，传统电子政务平台以管理系统的闭环运营为主要特征，以增强组织内部的信息流转效率为目标。而数据赋能河长制则要求在确保信息安全的基础上，面向公众开放平台与端口，推动越来越多的数据被使用，倾听公众的声音并吸纳可用的创意，使得数据赋能河长制进一步走在时代前列。为保障人大、政协履行社会监督职能，为人大、政协代表打通参与治水参与渠道，一是在广州河长 App 内开通了一个人大政协的专门模块，为人大、政协的治水参与营造良好的氛围；二是人大、政协代表都有账号在系统中，可以直接在广州河长管理信息系统中履行人大、政协的监督职能；三是人大、政协代表可以在事务公开中选择对一些重大问题"挂牌督办"，以外部力量推动问题更快更好解决。据统计，自开通人大、政协代表的参与渠道后，广州市现有人大、政协代表参与治水 699 人，上报问题 755 件，成为水环境治理的重要"能量源"。

在河湖治理工作上，为形成政民合力，广州市践行"开门治水、人人参与"理念，促进政社联动治水，实现人人都是河长助手，打造多元开放性平台，具体做法包括：一是以信息化手段畅通公众和政府的沟通互动渠道，积极主动构建公众参与水环境治理的平台。政府利用微信红包激励公众参与治水，公众能够通过"广州水务""广州治水投诉"等微信公众号反映水环境治理问题，实现了数据驱动公众参与治水。二是招募并线上培训志愿者和民间河长，提高志愿者和民间河长的履职能力，同时把培训内容向社会公众推广普及，最终让公众、志愿者、民间河长等多元主体共同参与，构建共建共治共享的社会治水格局。

3.5.2 构建多元主体参与平台强化河长"能量"

党的十九大报告提出，要构建政府为主导、企业为主体、社会组织和公众共同参与的环境治理体系。2020 年 3 月，中共中央办公厅、国务院办公厅明确，要建设"党委领导、政府负责、社会协同、公众参与"的共建共治共享的社会治理模式 [29]，这说明打造多元参与平台是提升和保持水环境治理成效的必然要求，如果涉水问题得不到及时上报，污染问题得不到及时处理，则会造成链式反应，对水环境造成严重危害。而公众、民间河长、社会组织、企业河长等主体都是最密切的"利益相关者"，他们不仅对美丽水环境具有急迫改善的需求，还具有一定的治水专业知识。例如，广州绿点主要做环保宣讲，扩大公众对水环境的知情；广州新生活环保促进会着重于培育民间河长领袖；广州 CECA 则侧重政策倡导，为政府治水建言献策。广州就是通过构建多元开放的政社互动平台，动员和吸纳社会资本与社会力量参与到微观的水环境治理领域中 [30]，并最终形成"开门治水、人人参与"的公众踊跃参与局面。据统计，广州市通过投放治水公益广告、开展主题宣传、聘请河湖民间河长、组织党员认领河湖等系列举措，在社会参与治水方面取得了极大成效。广州现有民间河长 1119 人，"人大"河长 699 人，3972 名党员认领 559 个河湖，已成立 165 支 2087 人参加的护水队，极大发挥了民间河长的带头作用，动员了社会各方力量参与治水工作，营造了良好社会氛围。维护身边美丽河湖成为广州市每个公民和社会各界的自觉行动。与此同时，同时通过听证会、官方民间河长交流会等方式（见图3.5-1），带动民间治水力量参与决策，从而保障公众参与治水的权利，满足公众依法获取水环境治理信息的需求，促进了"开门治水、人人参与"的共建共治共享治水理念和格局的形成。

图3.5-1　广州民间河长交流会

3.5.3　发挥治水非政府组织专业优势，激发社会参与"能量"

我国坚持党的领导、人民当家作主和依法治国的有机统一。在发挥党政主导作用的同时，坚持和完善人民当家作主制度体系，确保人民依法通过各种途径和形式管理公共事务，是实现中国社会和谐稳定又充满活力的关键。在当代中国水治理中，坚持群众路线，鼓励公众参与是一个重要的政策取向[31]。然而长期以来，学者们认为公众参与是我国水环境治理的极为薄弱的环节。一方面，由于缺乏直接有效的信息途径，社会公众对目前水环境系统的科学认识尚不清晰，也对治水参与的方式不甚了解。因此，在很大程度上，公众缺乏治水参与的必要能力。另一方面，公众对于自身的定位不足，公众治水参与当前还面临着"政府'热'而公众'冷'"的问题，使得水环境治理具有典型的政府依赖性和工程依赖特征；

水环境治理政府与公众互动顺畅的机制没有建立起来，公众缺乏有效参与的途径，很难对水环境治理工作产生认同感，也导致参与的积极性不高。

广州日益重视发挥第三方力量在水环境治理中的专业优势，在主动吸纳社会治水组织的同时大力倡导公众参与水环境治理。例如，新生活环保促进会利用自身专业优势，主动发挥社会组织政策倡导功能，深度参与广州治水进程，以环保的宣传者、践行者为己任，秉持"倡导社区环保实践，让城市与河流共荣"理念，长期关注广州河流污染和河涌治理，在广州"河长领治、上下同治、部门联治、全民群治、水陆共治"的治理体系下，成为连接公众与政府的桥梁，承担着民众参与水环境治理的组织者角色。治水非政府组织通过深入每个社区，直接与居民进行接触，丰富治水活动理念，在鼓励居民参与治水活动的同时也为居民提供了一个接受技能培训、学习河流调研、公众参与河流治理的平台。通过社区宣传、巡河调研、保护水源等行动，持续地推动河流保护的研究与科普以及河流治理的公众参与，协助促进广州及周边城市的水环境治理。

2010—2019 年，新生活环保促进会着力于培养广州社区民间河长和对黑臭水体治理的调查研究，多次介入水环境治理相关事件，通过借助媒介渠道曝光问题、撰写专栏文章表达诉求、利用自身专业特性形成研究报告并提交等方式，共向政府部门提交河流保护和黑臭水体治理相关意见建议，其中，有关水源规划的10 次，有关饮用水水源地的 5 次，有关治水的 19 次；回应意见征询 30 次；促成座谈会 9 次，促成整改 3 次；与广州市市级和区级河长办合作座谈会和联合行动 45 次。

3.5.4 打造"共筑清水梦"IP，营造治水文化培育社会能量

广州市畅通渠道，吸纳社会组织参与治水，发挥非政府组织具有较强社会动员能力的优势，依托 i 志愿平台，构建起以"共筑清水梦"IP 为核心的"河长制+i 志愿"体系。在全民治水格局基础上，广州市借力团市委志愿者行动指导中心；联合"i 志愿"平台等载体，携手培育专业的民间河长团队，推动河长制进社区、

进校园，打造"河小青"系列志愿活动。借力"波波河长"漫画形象（见图3.5-2），打造广州治水IP（见图3.5-3），提高公众参与的趣味性。

图 3.5-2 "波波河长"形象   图 3.5-3 共筑清水梦 IP 徽标

广州市通过链接"i志愿"平台，以"线下组织＋线上发动"的方式，广泛发动社会志愿组织和个人勇当"河小青"，参与河湖治理和保护工作。在进一步完善民间河长、志愿者巡河等制度的基础上，广州市水务局指导各区开展河（湖）长制宣传工作，联合团市委开展"河小青"公益活动，广泛发动青少年志愿者开展公益巡河活动，成功将水环境保护融入当地公众的日常生活中。广州市已形成政府主导、社会协同、公众参与、全民群治、水陆共治的共建共治共享治水新格局。同时，广州市河长办与志愿者行动指导中心联合策划了"一起来巡河"等系列志愿活动（见图3.5-4）。"一起来巡河"行动涵盖了11条"河小青"志愿巡河路线的发布和活动发动，并依托各区志愿组织，开展了"河小青"志愿巡河活动，发动了越来越多的社会群体参与到志愿治水行列中来。此外，在活动现场，广州市河长办通过海报展板，向公众展示了广州近年来的治水成效和治水思路，现场演示了河涌水质的检测方法，向市民派发了治水宣传漫画，并通过参与抽奖的形式，吸引了公众参与治水宣传活动。"河小青"围绕河道垃圾清理、文明劝导、环境美化等开展集中性巡河护河活动，通过"随手拍、随手捡、随手护"等行动培养广大青年保护河湖环境的意识，让广大青年自觉参与到生态环境保护中来，一方面弥补河长注意力分配的不足，另一方面在社会倡导"开门治水、人人参与"的良好治水氛围，推动治水效能的提升。

图 3.5-4 青年志愿者巡河活动

4 | 数据赋能河长制"四有"成效

SHUJU FUNENG HEZHANGZHI "SIYOU" CHENGXIAO

广州市深入贯彻习近平生态文明思想，以河（湖）长制为重要抓手，通过创新完善治理体系，强力提升治理能力，着力破解水体黑臭、"城市看海"等难题，全市河湖面貌焕然一新。以数据赋能为代表的广州河长制特色做法压实了河长制各主体责任担当，助力精准攻坚并建立长效机制，推动广州市河长制稳步走过起步、推进、决胜、长效四个阶段，渐次实现了有名、有实、有能、有效的四级跃升。

4.1　有名——数据赋能河长制从"无"到"有"

"有名"符合广州河长制起步阶段的既定成效，满足了及早建立河长制体系架构，实现河长制快速落地的基本诉求。早在2014年，广州市就在全市51条河涌探索试行河长制。时至今日，广州河（湖）长制经过8年磨砺与完善，早已"脱胎换骨""华丽蜕变"，已经建成了治理机构完善、管理体系延伸、制度方案健全、信息系统全覆盖的河湖管理体系。通过数据赋能，河长制快速实现从"无"到"有"，师出"有名"。

4.1.1　实现运行有组织

广州市建立了完善的河长制体制。党政主要领导担任市第一总河长、市总河长，并共同签发10道总河长令，以军令状的形式，强化落实河湖长责任。成立全面推行河长制工作领导小组，由市委主要领导担任组长，成员包括纪检监察、组织、宣传、发展改革、水务、生态环境、工信等部门以及各区政府共计30个单位。成立了广州市市河长制办公室，由分管副市长兼任办公室主任，设综合调研、计划资金、工程督办、污染防控、新闻宣传、监督问责6个工作组，从20个市直单位抽调50多人开展实体化运作。全市11个行政区及179个涉水镇（街）参照市河长办设立区级、镇（街）级河长办，设立办公地点并从成员单位抽调人员开展实体办公，各区河长办主任由分管水务或生态环境的区领导兼任，副主任由处级干部专职，负责河长办日常管理工作，抽调干部不再承担原单位工作。实体化运行及高规格设置河长办领导有力推动了各级河长办成员单位的协同联动，提高了河长制事务的流转处置效率。完善的制度赋权成为"数据赋能河长制"的关键前提。截至 2020 年年底，广州全市共设置 190 个河长办及 3030 名河长，成为"数据赋能河长制"的首要对象，市级河长带头履职，积极开展巡河、调研、督办等工作。2018 年以来，13 名市级河长累计巡河 292 次，有力推动责任河湖水环境持续改善。

4.1.2 实现体系有延伸

广州市按照"以流域为体系，网格为单元"治水思路，在原 3030 名河长基础上，一方面，围绕全市九大流域，成立流域管理机构，设置九大流域市级河长，创新九大流域管理机制（见图 4.1-1）；另一方面，向下设置网格长（网格员），

图 4.1-1 创新九大流域管理机制

依托全市 19660 个标准基础网格，在河（湖）长制工作中推行网格化治水，打造出一套以流域为体系、以网格为单元、全覆盖、无盲区的治水网格体系，支撑河长制实体化运作。另外，广州市还在全市全面推行"河湖警长制"，发挥治水"利剑"作用，进一步优化完善河湖管理体系。上下贯通的河长管理体系和网格化精细管理形成了"数据赋能河长制"的基础架构。

4.1.3 实现工作"有制度"

广州市先后出台 36 项河长制工作制度，23 项治水专项方案，特别是发布 10 道总河长令，靶向施策，大力推进黑臭水体治理、流域管理、网格化治水、排水单元达标、断面达标攻坚、拆违、黑臭小微水体治理、合流渠箱整治等工作。一方面，建立健全"落实责任""发现问题""解决问题""监督考核""激励问责"五大机制（见图 4.1-2），确保各治水主体守河有责、护河担责、治河尽责。同时，通过广州河长管理信息系统实现了"河长上报、部门处置、河长办审核销号、市级督导督查"的权责匹配式全流程闭环管理，明确了问题流转中各级职能部门主体责任。另一方面，通过强化属地执法责任，建立涉水部门联合执法机制，切实破解治水问题复杂、涉水部门多、跨部门协同难的困境，助力实现水环境治理"长制久清"。河长制工作制度的完善以及信息化手段的全过程支撑，使得河长履职有规可依，各职能部门责任有章可循，数据赋能有据可查。

01　落实责任机制（核心）
　　创新多级河长体系，明确各级河长职责

02　发现问题机制
　　多种方式收集巡河信息、发现河湖问题

03　解决问题机制
　　通过广州河长 App 交办相应部门牵头解决存在问题

04　监督考核机制
　　对11个区开展"四治"专项督导

05　激励问责机制
　　干部提拔、实时奖励。

图 4.1-2　广州河长制"五大机制"

4.1.4 实现履职有留痕

2017 年，广州市河长办成立不到 3 个月，便完成了广州河长管理信息系统的开发与推广，在广东省首创了"互联网 + 河长制"的应用先河，将信息技术与治水需求、实践经验相结合，促进机制管理与信息化管理衔接耦合，需求发展和功能反哺形成良性迭代，螺旋上升，高效赋能于跨部门协同治水。系统实现河长制各级部门全整合、工作信息全共享、管理主体全对接、工作流程全覆盖，同时灵活适配工作的深化与发展，在覆盖全市 1368 条河流（涌），9092 个河段，51 个湖泊、363 个水库信息的基础上，进一步覆盖全市 4000 余个小微水体，为小微水体治理工作奠定坚实基础。广州河长管理信息系统的建立切实推动了"数据赋能河长制"的落地。

4.2 有实——数据赋能河长制从"名"到"实"

"有实"对应河长制深化阶段的成效目标，重在从严管理，满足压实河长制主体责任担当的关键需求。在"有实"阶段，数据赋能河长制监管"长牙齿"，压实河长制各主体责任。在全市多级河长的全力推动下，形成"要我干"到"我要干"转变，特别是广大河长们，带头履职尽责，带头领治，深入"散乱污"、村级工业园、沿河违章建构筑物等污染源头，争做名副其实的河长。

4.2.1 做实源头治理

（1）创新源头"四洗"。广州市依靠信息化手段开展摸、查、排，创新推动"四洗"清源工作，"洗楼"67 万余栋，"洗井"60 余万个，"洗管"约 1.6 万千米，"洗河"3910 条（次）（见图 4.2-1）；"十三五"期间，广州河涌违建拆除面积已达 1300 多万平方米，为沿河区域综合整治及环境提升释放发展空间；治理非禁养区畜禽养殖场户 2856 个，实现养殖粪污处理达标后排放或资

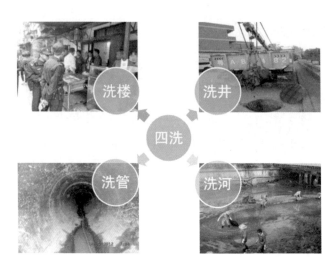

图 4.2-1　"四洗"行动

源化利用。加快补齐污水收集处理设施短板。"十三五"期间，全市新建污水管网 1.89 万千米，新（扩）建城镇污水处理厂 32 座，全市污水处理能力达到 774 万吨 / 日，跃居全国第二，切实补全了管网建设空白和污水处理不足的短板。

（2）实现"污涝同治"。广州市完成了 2 万余个"排水单元达标"攻坚行动；尊重自然、顺应自然，推进实施 443 条合流渠箱雨污分流改造，让"污水入厂、清水入河"（见图 4.2-2）。以车陂涌为代表的源头治理示范河流已部分实现由

图 4.2-2　白云区棠景沙涌揭盖复涌工程

黑臭水体到地表Ⅳ类水的蜕变，一跃成为全国治水的样板。

（3）严整河湖"四乱"。广州市依托河长制高位推动和信息技术的强力支撑，经过不懈努力，河湖"四乱"问题得到有效遏制，河湖水事秩序明显好转。截至 2020 年 12 月，全市排查出"清四乱"问题 2845 宗，已全部完成销号（见图 4.2-3）。"清四乱"行动共整治河湖管理范围内违法建（构）筑物 3457 栋，拆除面积 153.23 万平方米，清理非法堆砂点 28 个，清理堆砂面积 28.96 万立方米，清理建筑和生活垃圾 12200.53 吨。

图 4.2-3　"清四乱"整治行动

4.2.2　压实河长职责

河长制"有名有实"、落地见效的关键在于河长的履职担当。通过广州河长管理信息系统推出履职评分、河长周报、红黑榜、河长简报、曝光台等模块，建立全方位、全周期的履职评价体系，实现河长源头监管"带电长牙"。一方面，坚持深化管理、规范管理，推出 4 项地方管理标准和数据标准；坚持提醒在前，问责在后，层层收紧评价指标预警阈值；坚持量化评价、数据说话，实时掌控考核断面、河湖水质，追踪岸线管控和污染溯源，及时发现问题、传导压力，相关数据作为各级河长履职评价重要依据。另一方面，广州全面推行网格化治水，实现"河长吹哨、部门报到"，针对问题拉条挂账、分类整改，河长、部门各司其职，避免出现基层河长既要发现问题，又要解决问题的窘境，有效提升了河长履职积极性。

4.2.3 夯实精准监管

广州建立了"信息化、体系化、可量化"河长监管体系。依托广州河长管理信息系统及时掌握全市 3000 多个河长履职过程、成效及其管辖的 1368 条河涌情况；广州河长 App 让河长实时掌握自己的履职情况，做到自我监管；"广州治水投诉"和"广州水务"等微信端和"12345"电话端让市民群众参与河长履职监督；人大代表、政协委员同样在广州河长 App 上履行监督职责，最终形成全方位、多主体、高效率的履职监管和评价体系，以客观指标精准判断河长履职状况，以"准判断"促"强监管"带"高能动"实现河长"真履职"，真正推动在河长监管上从过去的"经验判断"转变为使用数据驱动的"精准判断"。截至2020 年年底，广州共表扬激励 78 人次，责任追究 395 人，对 43 名拟提拔河长出具履职意见，让河长制"长牙齿"，把河长制就是责任制落到实处。

4.3 有能——数据赋能河长制从"实"到"深"

"有能"是治水决胜阶段的必然发展结果，在"有名""有实"的基础上进一步激发河长制内生动力，多措并举，满足水污染攻坚决战的必胜要求。以深化改革、培训提升、技术应用等实践，完成由点到面、由易到难的全面深入推进。通过广州河长管理信息系统推行服务常态化，提升了河长履职能力，赋能河长制提升精准度，提升靶向攻坚能力。数据赋能河长制推动机制与技术相融合，业务需求与技术能力迭代演进，实现了技术与治理从"二元对立"向相辅相成转变，从"技术缚能"向"技术赋能"转变。

4.3.1 技术改革收获工程能力

在市总河长的强力推动下，广州深化排水管理体制改革，成立排水公司，建立全面覆盖、责任清晰、技术先进、管理精细、产业现代的公共排水设施运营维管体系，推动"厂、网、河"一体化管理。牵住工程补短板这一"牛鼻子"，"花小钱、办大事"，累计排查疏通"僵尸管网"729千米，使无效管网变有效，仅此一项相当于节省新建管网财政资金50.74亿元；控源、截污、"挤外水"，大胆保持低水位运行，避免河水倒灌排水口，让阳光透进河床，为自然生态留足自净恢复空间（见图4.3-1），为国内城市河流开展低水位运行提供可复制的案例，从安全维度看，腾空涌容也大大降低了流域洪涝风险。

图4.3-1　河涌保持低水位运行

4.3.2　常态服务提升履职能力

广州市在为河长减负增效中，不仅打造"一平台四体系"的常态化河长培训服务，推出了具有河长培训直播课程的"广州河长培训"小程序（见图4.3-2），还通过完善"我的履职"，以任务清单的形式直观地向河长、河长办展示履职任务要求，推送提醒。另外，在培训基础上推出履职提醒、多样化巡河等接地气的人性化服务，减少形式主义和推诿扯皮，切实为河长减负。同时，通过研发应用履职评价模型、水环境预警模型、内外业融合模型，有效服务了河长的量化考评、黑臭反弹风险防控和督导资源分配等工作。数据赋能优服务提升河长履职能力、激发河长的履职动力、提升治水效能，获得了显著成效，基层河长的巡河率、上报问题的积极性和问题办结率都得到显著提升。

图 4.3-2 "广州河长培训"小程序常态化直播

4.3.3 数据驱动增强续航能力

在诸多"幕后军师"中,2021 年始试运行的"差异化巡河"一改以往普适性、一刀切的巡河规则,将"高压式巡查""运动式巡查"演变为可持续的"差异化巡查",以客观问题和水质结果为导向,应用基于大数据技术驱动的水质预警模型,引导河长发现重大问题,减少水质反弹风险,实现治理需求的精准匹配。预警数据显示,推行差异化河湖巡查后,巡查重点已从 197 条黑臭河涌扩大到全市存在水环境恶化风险的所有河湖;在提升了巡查效率,集中力量挖掘重点河湖潜在问题等方面取得了较好的效果。2021 年 4—5 月施行差异化河湖巡查试运行,对比同年 1—3 月数据,在月均巡河减少 24% 的情况下月均上报问题基本持平,极大提升了巡查效率。另外,大数据算法还应用于"散乱污"治理方面,电力大数据是发现小型"散乱污"企业可靠的信息源之一,广州基于"数治融合"理念,建成"散乱污"场所大数据监控排查系统和信息报送微信小程序,利用大数据信息化管理手段提高工作效率和管理水平。"数据工厂 + 业务场景"的创新模式促成了"散乱污"排查工作应用方案的形成与落地,实现了"散乱污"排查手段与思路上的新突破,让资讯上报更便捷、排查工作更有效,真正实现了政务信息化从"数治割裂"到"数治相融"的重要转变,通过"散乱污"场所大数据监控排查系统的数据分析，让基层河长、网格长（网格员）从过去逐项筛查 530 万个疑似点缩减为只需要筛查 29.23 万个可疑点，极大降低了基层工作者的负担。"特大城市'散乱污'大数据智能监管与治理示范性项目"还上榜了工业和信息化部公示的"工业和信息化部办公厅关于公布 2020 年大数据产业发展试点示范项目名单"，受到社会高度认可。

4.4　有效——数据赋能河长制从"深"到"可持续"

"有效"不仅要体现广州治水有实效，还要证明广州路径能长效，既看重短期指标，又坚持可持续治本，满足建设生态文明的使命追求。着重考虑未来的发展，在河长架构体系成熟化、河长监管精准化、问题研判智慧化、问题交办数据化、河长履职智能化的基础上以长效机制持续释放河长制的制度活力，助力广州实现"老城市新活力"和"四个出新出彩"。

4.4.1　河湖面貌焕然一新见成效

（1）治水实践晒出成绩单。广州市深入贯彻落实习近平生态文明思想，坚持生态治理理念，以河长制为抓手，从源头—过程—末端全流程、多角度开展治水工作，推动水污染防治攻坚战取得阶段性成效，全市水环境质量稳步改善，受到国家、省的充分肯定。

2017 年，首批纳入住建部监管平台的 35 条黑臭河涌基本消除黑臭，新建污水管 1388 千米，新增污水处理能力 19.05 万吨 / 日；

2018 年，第二批 112 条黑臭河涌主体工程完工，新建污水管 3918 千米，新增污水处理能力 22 万吨 / 日。获评首批全国黑臭水体治理示范城市，获评省全面推行河长制湖长制工作考核优秀等次；

2019 年，经第三方机构复核评估全市 147 条黑臭水体全部实现消除黑臭。国考鸦岗、大坳、东朗断面水质均由劣 V 类提升为Ⅳ类（见图 4.4-1），新建

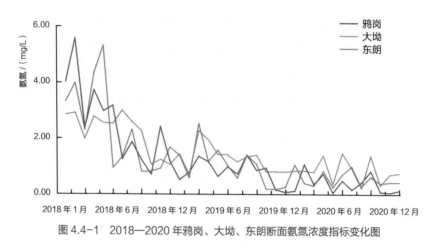

图 4.4-1　2018—2020 年鸦岗、大坳、东朗断面氨氮浓度指标变化图

污水管 4578 千米，新增污水处理能力 100 万吨 / 日。黑臭河涌治理在广州市统计局"建设花城成效显著工作"民调中排名第一；

2020 年，广州市白云区因治水力度大被水利部评为全国 10 个河（湖）长制先进县（区）之一，获得国务院表彰。广州市全年新建污水管 8383 千米，新增污水处理能力 104 万吨 / 日，全市污水处理能力达到 774 万吨 / 日，约为日均供水量的 1.1 倍。

另外，全市 13 个国省断面水质全部达到年度考核要求，全市 147 条黑臭水体治理成效全面达到"长制久清"标准。13 个国考、省考断面水质全部达标。其中鸦岗断面已由 2018 年劣 V 类水体转变为如今稳定保持在 IV 类，石井河口断面由曾经氨氮浓度指标超过 20 毫克 / 升的"酱油河"，到现在水质上升两个类别达到 IV 类（见图 4.4-2），珠江水环境质量逐年趋好。

（2）引领"人民河湖人民治"。广州充分调动不同主体的参与积极性。一方面针对普通公众上线了"广州治水投诉"微信公众号，公众随时随地上报河湖问题，获取微信红包奖励，投诉的问题同步纳入广州河长 App 处置。同时，印发实施违法排水行为有奖举报办法，鼓励人民群众积极举报违法排水，有效激发了公民的参与热情。截至 2020 年年底，"广州治水投诉"微信公众号关注人数

图 4.4-2　治理后的石井河

达 8864 人，共受理市民投诉 8612 宗，已办结 8277 宗，办结率为 96.11%，发放红包 3879 个，红包金额共计 28405 元。另一方面，强化宣传发动，在中央、省、市各大媒体发布新闻稿件 1500 多篇，发布微博、微信、网站信息 1600 多条，引导广大人民群众参与黑臭水体整治。

　　针对民间治水力量，广州市河长办通过对接志愿者平台，以"线下组织＋线上发动"的方式，借助"志愿＋治水"平台，完善民间河长制度、志愿者巡河等制度，培育和吸纳了大量优质民间治水力量。截至 2020 年年底，广州组建了 165 支稳定的民间护水队、10 支大学生志愿者服务队，全市 8811 名民间河长积极开展巡河护河行动。其中有基层党员干部、来自各行各业的市民、治水领域的专家学者、环保志愿者、学校老师、在校学生等不同职业人群。他们为"绿水青山"而团结在一起，为广州的治水工作贡献自己的智慧和力量。据统计，广州市指导各区开展河（湖）长制宣传 1000 余场次，广泛发动"青年河长"参与公益巡河 100 余场。车陂涌民间河长苏志均当选全国"十大最美河湖卫士"。总的来说，广州河长制工作已实现由"政府事"向"大家事"转变，通过文化涵养转变、调整全民行为，提高全民责任意识，形成政府主导、社会协同、公众参与的"共建共治共享"治水新格局。

（3）实现"人民河湖人民享"。水环境发生质的飞跃，"水清岸绿、鱼翔浅底"的河湖比比皆是，多地时隔多年重现晴日白鹭成行、夜晚萤火虫飞舞的美丽水岸景象。高质量建设广州千里碧道，累计建成人水和谐的美丽碧道400千米以上，其中海珠湿地碧道、蕉门河碧道、增江碧道被水利部作为"美丽河湖、幸福河湖"的典范在全国宣传。如今，猎德涌，阅江路碧道等地方已经成为市民游玩打卡的好去处，市民获得感、幸福感节节攀升（见图4.4-3~图4.4-5）。另外，水务工作的社会认同显著提升，广州市河长制工作2018年、2019年连续两年获得

图4.4-3 市民在猎德涌游玩嬉戏

图4.4-4 阅江路碧道

图 4.4-5 蕉门河碧道

国家督查激励,2018—2020 年连续三年获评省河(湖)长制工作考核优秀等次。广州市入选首批国家黑臭水体治理示范城市,获得"国家节水型城市"称号,广州治水经验同时被住房和城乡建设部、水利部、生态环境部专刊报导,人民日报、新华社、央广新闻等媒体广泛宣传。

4.4.2 多管齐下出新出彩谋长效

(1)主体维——挖潜全民参与新能量。广州市以"共筑清水梦"IP 为内核,建设多形式、多举措、多层次的参与平台,打造全民知水、全民治水和全民乐水三大主题板块,以不断丰富的供给内容和供给渠道、不断拓展的参与主体支撑全民治水热情保持长期高能。在全民知水方面,以"河长培训小课堂"为中心,打造了一套线上、线下,集涉水常识、治水专业知识和动手技能体验为一体的水知识科普平台。在全民治水方面,在原有"广州治水投诉"与"违法有奖举报"的基础上,探索研发实体"河长工具包",打造了工具标准化、流程简易化、上报规范化的公众参与智慧"贤助手"。在全民乐水方面,形成"VR 巡河""治水大擂台""波波河长表情包"(见图 4.4-6),以及"水科普系列短视频"等线

图 4.4-6　波波河长表情包

上活动与"最美巡河线路"线下实体活动的全方位治水文化体验，让群众多渠道体验岭南水文化魅力；开展全民"点亮河湖"动员活动，吹旺人民群众的"星星之火"，造就保卫绿水青山的"燎原之势"。

（2）内容维——管服并举实现河长队伍稳定化。广州河长制依托"互联网＋"技术，实现从分散治理到合力统筹转型、从高压监管向管服并重转型，以权责一体化带动业务协同化，以管理标准化带动治理精细化，以培训常态化带动履职长效化，以服务可持续支撑带动环境可持续治理。

（3）时间维——标本兼治提升风险预警及时化。广州坚持运动战与持久战"两条腿"走路，既要治标（关键问题速解决）又要治本（向好趋势能长久）。为巩固水环境治理成果，防止反弹，广州利用信息化手段建立水环境预警机制和动态评估机制，技术风控、以评促稳，逐步提高预警、评估的水质目标值，以期水环境长制久清、稳步向好。

（4）空间维——全面均衡实现水清岸绿全面化。广州创新划定了全市河湖水系控制线，将水系规划与城市规划结合，水系管控与国土空间管控结合，应用于城市建设、管理的全过程，实现治理从水里向岸上延伸；同时，广州还探索建立户、网、厂、河一体化管理，建立项目全流程管控，推动海绵城市理念落地，实现治理从岸上向用水户、排水户，向全流域延伸（见图4.4-7）。

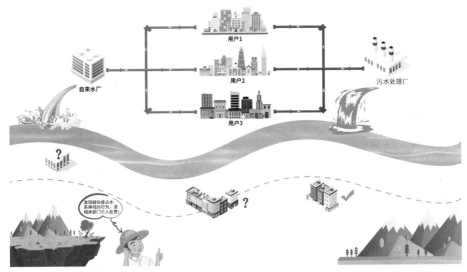

图4.4-7 户、网、厂、河一体化管理

5 总结与展望

广州市已实现全面剿灭黑臭水体的目标，扎实推动了互联网、大数据与水环境治理工作的深度融合，极大地改善了水环境治理效能。通过明晰数据赋能河长制的丰富内涵和实践经验，广州已探索出基于数据驱动的河长制运行机制的创新模式，并提炼出一条内涵清晰、适应性强、能推广应用的广州路径。

广州经验是一个通过"五能"实现"四有"的数据赋能河长制理论探索过程与实践做法的总结。其实质是在河长制推行的起步、发展、决胜和长效四个阶段分别针对不同的难题，以数据赋能"实履职、强监管、优服务、广支撑、全参与"为解决方案，目标直指"长制久清"。广州之所以能取得全面消除黑臭水体的阶段性胜利，依靠的正是控源理念的强势落地，信息化手段的持续支撑，排难赋能的持续实践。只要久久为功，水环境长制久清计日可期，以河湖治理为代表的广州生态文明建设必将结出丰硕果实。

而广州路径的表达方式有两种：第一种是"技术路径"表达，以推动河长制"有名有实"为总目标，抓住压实和提升河长履职这一核心关键，基于"12345"河长管理体系，以数据赋能贯穿河长制发展全过程，推动河长从形式履职向内容履职、成效履职迈进，在理论与实践探索中，告诉河长该干什么、由谁来干、怎么干、干不好怎么办。第二种是"实践路径"的表达，根据政策文件要求和地方实际需求，明确河长制从何而来（推行河长制缘由）、路在何方（河长制发展目标），通过建立广州河长管理信息系统，为河长制的实践"搭桥铺路"、满足河长制快速落地的基本需求，快速实现"三个全覆盖"，并在不断自我加压、按需拓展、靶向施策、学习创新中提出了数据赋能河长制的内涵和做法，驱动河长制"爬坡过坎"，从"有名有实"向"有能有效"跃升，最终广州水生态环境"曲径通幽"，见证了习近平生态文明思想在广州的实践成效。广州在数据赋能河长制的治理理念、管理体系、技术路线和投入性价比等都是可复制可推广的成功经验，具有极高的"路径输出"价值。

未来，广州市将继续以习近平生态文明思想为指导，积极践行"节水优先，系统治理，空间均衡，两手发力"的新时期治水思路，以"三个延伸"（向河长制六大任务延伸、向供排水全链条延伸和向岸上全流域延伸）和"三个相适应"
（与河长制发展深化相适应、与河长履职水平相适应、与治水成效相适应）为努力方向，以完善落实河长制长效机制为重要抓手，继续深化河长制"有名有实、有能有效"，推动治水、治产、治城的有机融合，攻坚克难、锐意进取，着力打造让人民群众满意的美丽幸福河湖，为让人民群众的获得感成色更足、幸福感更可持续、安全感更有保障而不懈奋斗！

附录

FULU

1 数据赋能河长制调研说明

1.1 调研背景及目的

随着数据信息技术的迅速发展和广泛应用，信息化成为当今社会发展的一大趋势，数据技术也日益成为政府改革发展的重要力量，数据赋能政府治理实践的作用日益显现。广州市自 2016 年以来，高度重视治水工作，出台了《广州市总河长令》1 ～ 10 号令，搭建了推动河长制"落地见效"的多功能、一站式智慧水务信息服务平台。

基于此，华南师范大学数据分析人员吴泳钊、王露寒、李东泽、李金松、陈家兰、曾蕾汀、黄俊康、苏启航、赵雨婕、李晓敏、廖丽霞、阮钰涵、潘姿好撰写了《数据赋能河长高效履职数据分析报告》《数据赋能跨部门协同治水数据分析报告》《数据赋能公众治水参与数据分析报告》，既通过数据说明广州市在数据赋能河长制所取得的成绩，也通过数据分析发现存在的不足和改进策略，为广州市水环境治理朝纵深发展提供借鉴。

1.2 调研方法及经过

广州市河长办联合广州市委党校、华南师范大学政治与公共管理学院组建了"数据赋能河长制"课题组，于 2020 年 7 月至 2020 年 12 月分别对广州市河涌监测中心、广州市水务局、广州市河长办、广州市部分区河长办、镇（街）河长办、村（居）河长等进行了深入调研，调研过程主要分为以下五个阶段。

第一个阶段，主要了解数据赋能河长制的重要支撑——广州河长管理信息系统。2020 年 7—8 月，课题组开始以深度访谈的形式对负责信息化系统运维的广州市河涌监测中心主任、工程师、信息化小组进行访谈，了解广州河长管理信息系统的运行情况，对数据赋能河长制的基本情况进行整体把握。

第二个阶段，主要了解支撑数据赋能河长制背后的制度、组织、人员保障。

从 2020 年 8 月初到 8 月中旬，课题组以座谈会方式，对广州市河长办下设四个工作组（监督问责组、污染防控组、工程督办组、综合调研组）进行访谈，获取了数据赋能河长制在市级层面的相关二手资料，掌握广州市数据赋能河长制的成效和问题，为进一步了解各区、镇（街）河长办工作打下坚实基础。

第三个阶段，深入了解在基层一线工作者是如何把广州河长管理信息系统与水环境治理有机结合，产生赋能能效。从 2020 年 8 月中旬到 9 月上旬，课题组走访了广州市海珠区、白云区、增城区、南沙区、花都区河长办以及下属街道河长办，通过开展座谈会和实地考察，充分调研各区、镇（街）和村（居）三个不同层级在数据赋能河长制的基层实践经验，为凝练数据赋能河长高效履职模式作充分准备。

第四个阶段，深入调研跨部门协同情况和相关涉水职能部门运用信息化手段治水情况。在 2020 年 10 月下旬，课题组走访了广州市工业和信息化局、广州市城市管理和综合执法局、广州市政务服务数据管理局，通过开展座谈会，充分调研了数据赋能河长制跨部门的信息共享机制、协作机制和大数据辅助治理模式，为提炼数据赋能跨部门协同治水模式作充分准备。

第五个阶段，2020 年 10—12 月，课题组在广州市河涌监测中心邀请了民间河长、志愿组织和社会公众组织举办民间河长座谈会，走访了解了广州市荔湾区汇龙小学的"民间小河长"模式、广州团市委"志愿 + 治水"模式，调研民间河长、社会组织、社会公众等不同主体的治水参与情况，为抽象总结数据赋能全民治水参与模式作充分准备。

1.3 调研内容及思路

针对数据赋能河长制开展的调研主要分为以下三个主要模块。

（1）针对数据赋能河长履职开展的调研。当前，以数据资源和数据技术突破政府治理的能力困境，赋能公共治理已成为国家治理能力现代化的必然趋势。通过对数据赋能河长履职的深入调研，深度分析广州市数据赋能河长高效履职现

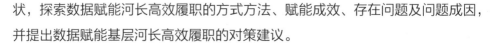

状，探索数据赋能河长高效履职的方式方法、赋能成效、存在问题及问题成因，并提出数据赋能基层河长高效履职的对策建议。

（2）针对数据赋能跨部门协同开展的调研。多中心治理对政府治理补充以弥补单一政府治理的能力困境已成为社会治理发展的重要趋势，以数据赋能实现水环境治理的跨部门协同并使其逐渐焕发新活力。为此，深度分析广州市数据赋能跨部门协同治水的现状，探索数据赋能跨部门协同治水的方式、成效及存在问题势在必行。

（3）针对数据赋能公众治水参与开展的调研。治理主体从单一到多元，离不开社会公众的参与，借助信息化平台使用，公众参与实现了对传统方式的更新与超越。通过调研公众的治水参与特征，为后续扩大公众参与渠道、提升参与能力、释放参与能效提供重要参考依据。

数据赋能河长制调研思路见附图 1.1-1。

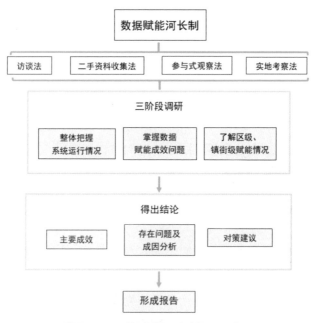

附图 1.1-1　数据赋能河长制调研思路图

2 数据赋能河长高效履职数据分析报告

2.1 问卷调查基本概况

通过问卷调查研究当前广州市河长履职的重要特征、挖掘数据赋能对河长履职的影响因素，为广州市进一步推动河长高效履职提供参考依据，提供数据赋能河长高效履职的"广州样本"。此次问卷调查的主要目的是了解河长对数据赋能河长制的"五能"评价。为兼顾样本数据的代表性，调查主要采取目的抽样与配额抽样相结合的方法对广州市 11 个区抽取研究样本。

数据赋能河长高效履职调查问卷主要包括村（居）级、镇（街）级以及区级三级河长的问卷，具体内容包括受访者个人基本信息和履职概况两大部分。调查采用线上问卷调查方式，并通过有奖填答方式吸引受访对象进行问卷的填答。在各区河长办的协助下，问卷分别在广州市 11 个区的河长微信群进行派发，并对无效问卷进行剔除。各区问卷派发和回收情况见附表 2.1-1。

从性别分布上看，受访河长中男性有 990 人，占比 75.0%；女性有 330

附表 2.1-1　各区问卷派发和回收情况统计（N=1320）

各区	回收问卷数量 / 份	有效问卷数量 / 份	回收率 /%
越秀区	95	88	92.6
海珠区	82	74	90.2
荔湾区	85	81	95.3
天河区	159	152	95.6
白云区	135	132	97.8
黄埔区	110	103	93.6
花都区	173	169	97.7
番禺区	179	172	96.1
南沙区	159	152	95.6
从化区	64	55	85.9
增城区	151	142	94.0
合计	1392	1320	94.8

人，占比 25.0%，男女比例为 3：1。从年龄方面来看，受访者主要集中在 41～50 岁（占比 45.2%）、31～40 岁（占比 26.4%），具体见附表 2.1-2。

附表 2.1-2　受访者性别和年龄概况统计（N=1320）

统计项		统计值	
		频次 / 人	有效百分比 /%
性别	男	990	75.0
	女	330	25.0
年龄	20 岁及以下	4	0.3
	21～30 岁	68	5.2
	31～40 岁	349	26.4
	41～50 岁	597	45.2
	51 岁及以上	302	22.9

注　频次指选择该题项的人数，下同。

从受访者职务类型（见附表 2.1-3）与学历分布（见附表 2.1-4）来看，村（居）级河长担任党支部书记的居多（503 人），占比 56.3%；其次是村委主任 / 居委会主任（160 人），占比 17.9%；镇（街）级河长担镇长 / 街道办主任的最多，占比 19.3%；而在区级河长中，有 22.3% 担任副区长、18.1% 担任区委委员。各级受访河长学历情况如下：村（居）级河长学历以大专 / 本科为主（占 80.98%），其次是高中 / 中专学历（占 10.29%），硕士及以上学历的有 13 人；绝大多数镇（街）级河长是大专或本科学历，硕士及以上学历有 49 人；而区级河长的学历全部在大专 / 本科及以上。

附表 2.1-3　受访者职务类型统计（N=1320）

统计项		统计值	
		人数 / 人	有效百分比 /%
村（居）级 N₁=894	党支部书记	503	56.3
	村委主任 / 居委会主任	160	17.9
	村副主任 / 居委会副主任	36	4.0
	社长（董事长）	25	2.8
	党委委员	33	3.7
	其他	137	15.3

统计项		统计值	
		人数 / 人	有效百分比 /%
镇（街）级 N₂=332	党 / 工委书记	53	16.0
	镇长 / 街道办主任	64	19.3
	人大主席	8	2.4
	党（工）委副书记	16	4.8
	副镇长 / 街道办副主任	27	8.1
	党（工）委委员	54	16.3
	其他	110	33.1
职务类型（区级） N₃=94	区委书记	4	4.3
	区长	4	4.3
	区人大常委会主任	6	6.4
	区委副书记	1	1.1
	副区长	21	22.3
	区委委员	17	18.1
	其他	41	43.6

表 2.1-4　受访者学历分布统计（N=1320）

统计项	人数 / 人				
	小学及以下	初中	高中 / 中专	大专 / 本科	硕士及以上
村（居）级河长（894 人）	6	59	92	724	13
镇（街）级河长（332 人）	0	3	8	272	49
区级河长（94 人）	0	0	0	46	48

如附表 2.1-5 所示，村（居）级河长以及镇（街）级河长的任职时长在 1 年以下的较多，区级河长的任职时长则主要在 2 年以上。从受访者的政治面貌来看，各层级河长以中共党员（包括预备党员）为主，这在一定程度上反映了中共党员在基层治水工作中发挥的先锋模范作用。

附表 2.1-5　受访者担任河长时长及政治面貌情况统计（N=1320）　单位：人

河长层级	担任河长时长					政治面貌	
	1 年以下	1 ~ 2 年	2 ~ 3 年	3 ~ 4 年	4 年以上	党员	非党员
村（居）	266	127	157	160	184	783	111
镇（街）	83	58	52	65	74	310	22
区	11	12	23	21	27	79	15

2.2 各层级河长信息技术平台的使用情况

2.2.1 村（居）级河长信息技术平台的使用情况

如附图 2.2-1 所示，大部分村（居）级河长对广州河长 App 的使用总体非常满意，选择"比较满意""非常满意"的河长占 77.86%，对信息平台"不太满意""非常不满意"的村（居）级河长相对较少，只占 14.76%。

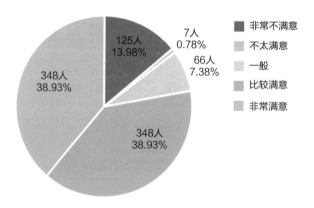

附图 2.2-1 受访的村（居）级河长对广州河长 App 的使用满意程度

如附表 2.2-1 所示，在"'广州河长 App'能满足什么工作需求"上，分别有 76.5%、61.6% 和 54.7% 的村（居）级河长认为广州河长 App 中的一键巡河、污染源上报和巡河多样化功能满足工作需要；但选择"信息发布"和"即时通信"功能满足工作需要的只有 45.1% 和 43.7%；而认为"统计分布"和"河长周报"功能满足工作需要的村（居）级河长仅占 34.3% 和 36.4%。

如附表 2.2-2 所示，在使用广州河长 App 遇到的问题上，较多的村（居）级河长遇到了定点漂移不准（占 45.9%）、App 使用时对设备要求高（44.3%）、材料有时候无法上传（占 35.0%）等问题；而遇到操作起来比较困难、问题流转只能单线而不能同时发给多部门处理、问题解决后区级审核销号流程复杂等问题的相对较少，分别占 23.4%、19.2% 和 16.1%。

附表 2.2-1　受访的村（居）级河长认为广州河长 App 能满足什么工作需求统计（N=894）

广州河长 App 中哪些功能满足您工作需要?	统计值	
	频次 / 人	有效百分比 /%
A. 即时通信	391	43.7
B. 一键巡河	684	76.5
C. 污染源上报	551	61.6
D. 信息发布	403	45.1
E. 统计分析	307	34.3
F. 巡河多样化	489	54.7
G. 河长周报	325	36.4
H. 其他	35	3.9

附表 2.2-2　村（居）级河长使用广州河长 App 时遇到的问题统计（N=894）

使用广州河长 App 时遇到的问题	统计值	
	频次 / 人	有效百分比 /%
A. 操作起来比较复杂	209	23.4
B. 定点漂移不准	410	45.9
C. 对设备要求高（包括手机性能、内存、网络状况等）	396	44.3
D. 问题流转只能单线而不能同时发给多部门处理	172	19.2
E. 材料有时候无法上传	313	35.0
F. 问题解决后区级审核销号流程复杂	144	16.1
G. 其他	64	7.2

2.2.2　镇（街）级河长信息技术平台的使用情况

如附图 2.2-2 所示，大部分镇（街）级河长对广州河长 App 等信息平台使用的满意度较高，选择"比较满意""非常满意"的河长占比 81.62%；对信息平台"不太满意""非常不满意"的镇（街）级河长仅占 9.94%。

如附表 2.2-3 所示，当镇（街）级河长被问到广州河长 App 哪些模块功能能满足需求时，镇（街）级河长认为广州河长 App 中的一键巡河（占 79.5%）、污

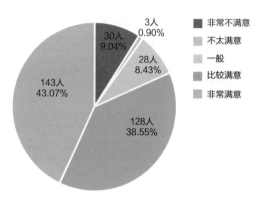

附图 2.2-2　受访的镇（街）级河长对广州河长 App 的使用满意程度
（注：数据存在四舍五入的误差，下同）

染源上报（占 66.0%）和巡河多样化（占 60.8%）功能满足需要。另外，选择河长周报和统计分析功能的镇（街）河长分别占比 49.7%、53.3%。

附表 2.2-3　受访的镇（街）级河长认为广州河长 App 能满足哪些实际治理需求统计（N=332）

广州河长 App 中哪些功能满足您工作需要?	统计值	
	频次 / 人	有效百分比 /%
A. 即时通信	149	44.9
B. 一键巡河	264	79.5
C. 污染源上报	219	66.0
D. 信息发布	158	47.6
E. 统计分析	177	53.3
F. 巡河多样化	202	60.8
G. 河长周报	165	49.7
H. 其他	13	3.9

　　从遇到的问题来看，在使用广州河长 App 过程中，较多的镇（街）级河长遇到了定点漂移不准（占比 50.3%）、App 使用时对设备要求高（占比 37.7%）、材料有时候无法上传（占比 41.6%）等问题；而遇到操作起来比较复杂、问题流转只能单线而不能同时发给多部门处理、问题解决后区级审核销号流程复杂等问题的相对较少，分别占 20.2%、27.7% 和 21.1%（见附表 2.2-4）。

附表 2.2-4　镇（街）级河长使用广州河长 App 时遇到的问题统计（N=332）

使用广州河长 App 时遇到的问题	统计值	
	频次 / 人	有效百分比 /%
A. 操作起来比较复杂	67	20.2
B. 定点漂移不准	167	50.3
C. 对设备要求高（包括手机性能、内存、网络状况等）	125	37.7
D. 问题流转只能单线而不能同时发给多部门处理	92	27.7
E. 材料有时候无法上传	138	41.6
F. 问题解决后区级审核销号流程复杂	70	21.1
G. 其他	14	4.2

2.2.3　区级河长信息技术平台的使用情况

从附图 2.2-3 可知，区级河长对广州河长 App 总体比较满意，选择"比较满意"和"非常满意"的受访者有 88 人，占比 93.62%，选择"一般""不满意"的只有 6 人。

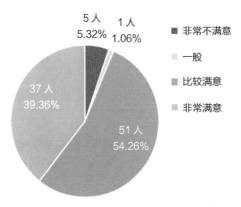

附图 2.2-3　受访的区级河长对广州河长 App 的使用满意程度

从具体功能模块来看（见附表 2.2-5），大多数区级河长认为一键巡河（占比 90.4%）、污染源上报（占比 70.2%）、巡河多样化（占比 59.6%）和统计分析（占比 45.7%）功能满足河长日常工作所需。

附表 2.2-5 受访的区级河长认为广州河长 App 能满足哪些实际治理需求统计（N=94）

广州河长 App 中哪些功能满足您工作需要?	统计值	
	频次 / 人	有效百分比 /%
A. 即时通信	36	38.3
B. 一键巡河	85	90.4
C. 污染源上报	66	70.2
D. 信息发布	36	38.3
E. 统计分析	43	45.7
F. 巡河多样化	56	59.6
G. 河长周报	44	46.8
H. 其他	0	0

从区级河长使用广州河长 App 过程中遇到的问题来看（见附表 2.2-6），较多的区级河长遇到了定点漂移不准（占 66.0%）、广州河长 App 使用时对设备要求高（40.4%）、材料有时候无法上传（占 38.3%）等问题；而遇到操作起来比较复杂、问题流转只能单线而不能同时发给多部门处理、问题解决后区级审核销号流程复杂等问题的相对较少，分别占 14.9%、27.7%、10.6%。

附表 2.2-6 区级河长使用广州河长 App 时遇到的问题统计（N=94）

使用广州河长 App 时遇到的问题	统计值	
	频次 / 人	有效百分比 /%
A. 操作起来比较复杂	14	14.9
B. 定点漂移不准	62	66.0
C. 对设备要求高（包括手机性能、内存、网络状况等）	38	40.4
D. 问题流转只能单线而不能同时发给多部门处理	26	27.7
E. 材料有时候无法上传	36	38.3
F. 问题解决后区级审核销号流程复杂	10	10.6
G. 其他	6	6.4

综上所述，村（居）级河长、镇（街）级河长和区级河长都对广州河长 App、广州河长管理信息系统的使用满意度较高，这是对广州数据赋能河长制的高度肯定。具体到满足实际需求的功能上，河长们普遍认为，广州河长 App、广州河长管理信息系统等信息化平台能满足他们的巡河和上报问题需要。同时镇（街）级河长和区级河长认为，广州河长 App 中的河长周报、统计分析功能切实解决了他们的履职需要，而"即时通信"功能相对而言河长使用较少，部分原因是微信、QQ 等方式更能切合他们的通信需要。同时，广州河长 App 也存在部分需要改进的地方，例如在具体功能上，定位漂移不准、对设备要求高、材料有时候无法上传等问题是河长们最关心、最迫切需要解决的问题，后续在系统的维护升级上，需要对这些问题进行完善。

2.3 数据赋能河长高效履职数据分析

河长队伍是贯彻落实河长制工作的中坚力量，以数据赋"五能"提升河长履职水平具有非同一般的发展价值，而让河长队伍充分感受到数据赋能带来的发展红利更是数据赋能河长制的题中之义。对此，本节通过构建"五能"对河长队伍的影响指标体系，充分论证"五能"带来的实际性能效。

2.3.1 数据赋能便履职、促效能

通过信息技术应用便捷河长履职、提升河长履职能效是数据赋能的必要前提。通过设置"广州河长 App 能及时提供并反馈工作过程信息""相比于广州河长 App 出现前，使用这些信息化手段便利了我履职""广州河长 App 上的新闻推送等信息能让我及时了解水治理最新动态""广州河长 App 内的'河长周报'能精准发现我履职不足的地方""我能非常熟悉地使用'河长培训小程序'""'河长周报'的预警功能有效提醒我在巡河及上报问题中的不足""多样化巡河功能便利了我的履职，避免巡河指标僵化带来的负担"七个题项搭建起衡量便履职、促能效的指标体系。

从统计数据（见附表 2.3-1）来看，村（居）级河长队伍中，78.3% 赞

附表 2.3-1　对村（居）级河长履职效能感的测量统计（N=894）

统计项	态度	统计值	
		频次 / 人	有效百分比 /%
广州河长 App 能及时提供并反馈工作过程信息	非常不赞同	39	4.4
	比较不赞同	38	4.3
	一般	117	13.1
	比较赞同	395	44.2
	非常赞同	305	34.1
相比于广州河长 App 出现前，使用这些信息化手段便利了我履职	非常不赞同	29	3.2
	比较不赞同	36	4.0
	一般	132	14.8
	比较赞同	362	40.5
	非常赞同	335	37.5
广州河长 App 上的新闻推送等信息能让我及时了解水治理最新动态	非常不赞同	20	2.2
	比较不赞同	21	2.3
	一般	101	11.3
	比较赞同	375	41.9
	非常赞同	377	42.2
广州河长 App 内的"河长周报"能精准发现我履职不足的地方	非常不赞同	23	2.6
	比较不赞同	21	2.3
	一般	132	14.8
	比较赞同	381	42.6
	非常赞同	337	37.7
我能非常熟悉地使用"河长培训"小程序	非常不赞同	15	1.7
	比较不赞同	17	1.9
	一般	163	18.2
	比较赞同	410	45.9
	非常赞同	289	32.3
"河长周报"的预警功能能有效提醒我在巡河及上报问题中的不足	非常不赞同	16	1.8
	比较不赞同	26	2.9
	一般	138	15.4
	比较赞同	404	45.2
	非常赞同	310	34.7

续表

统计项	态度	统计值	
		频次/人	有效百分比/%
"多样化巡河"功能便利了我的履职，避免巡河指标僵化带来的负担	非常不赞同	23	2.6
	比较不赞同	35	3.9
	一般	143	16.0%
	比较赞同	398	44.5%
	非常赞同	295	33.0%

同 ❶ "广州河长 App 能及时提供并反馈工作过程信息"；78.0% 赞同"相比于广州河长 App 出现前，使用这些信息化手段便利了我履职"；84.1% 赞同"广州河长 App 上的新闻推送等信息能让自己及时了解水治理最新动态"；80.3% 赞同"广州河长 App 内的'河长周报'能精准发现我履职不足的地方"；78.2% 赞同"自己能非常熟悉地使用'河长培训'小程序"；79.9% 赞同"'河长周报'的预警功能有效提醒自己在巡河及上报问题中的不足"；77.5% 赞同"'多样化巡河'功能便利了履职，避免巡河指标僵化带来的负担"。

在镇（街）级河长队伍中，75.3% 赞同"广州河长 App 能及时提供并反馈工作过程信息"；81.9% 赞同"相比于广州河长 App 出现前，使用这些信息化手段便利了我履职"；81.7% 赞同"广州河长 App 上的新闻推送等信息能让我及时了解水治理最新动态"；83.4% 赞同"广州河长 App 内的'河长周报'能精准发现我履职不足的地方"；80.4% 赞同"我能非常熟悉地使用'广州河长小程序'"；84.3% 赞同"'河长周报'的预警功能能有效提醒我在巡河及上报问题中的不足"；79.8% 赞同"'多样化巡河'功能便利了我的履职，避免巡河指标僵化带来的负担"（见附表 2.3-2）。

---

❶ 包括附表中的"非常赞同"与"比较赞同"，下同。

附表 2.3-2　对镇（街）级河长履职效能感的测量统计（N=332）

统计项	态度	统计值	
		频次 / 人	有效百分比 /%
广州河长 App 能及时提供并反馈工作过程信息	非常不赞同	11	3.3
	比较不赞同	24	7.2
	一般	47	14.2
	比较赞同	142	42.8
	非常赞同	108	32.5
相比于广州河长 App 出现前，使用这些信息化手段便利了我履职	非常不赞同	7	2.1
	比较不赞同	14	4.2
	一般	39	11.7
	比较赞同	156	47.0
	非常赞同	116	34.9
广州河长 App 上的新闻推送等信息能让我及时了解水治理最新动态	非常不赞同	6	1.8
	比较不赞同	10	3.0
	一般	45	13.6
	比较赞同	140	42.2
	非常赞同	131	39.5
广州河长 App 内的"河长周报"能精准发现我履职不足的地方	非常不赞同	4	1.2
	比较不赞同	8	2.4
	一般	43	13.0
	比较赞同	167	50.3
	非常赞同	110	33.1
我能非常熟悉地使用"河长培训"小程序	非常不赞同	2	0.6
	比较不赞同	6	1.8
	一般	57	17.2
	比较赞同	151	45.5
	非常赞同	116	34.9
"河长周报"的预警功能能有效提醒我在巡河及上报问题中的不足	非常不赞同	3	0.9
	比较不赞同	7	2.1
	一般	42	12.7
	比较赞同	157	47.3
	非常赞同	123	37.0

续表

统计项	态度	统计值	
		频次 / 人	有效百分比 /%
"多样化巡河"功能便利了我的履职，避免巡河指标僵化带来的负担	非常不赞同	4	1.2
	比较不赞同	7	2.1
	一般	56	16.9
	比较赞同	150	45.2
	非常赞同	115	34.6

2.3.2 数据赋能强监管、驱动能

通过信息技术应用加强对河长队伍的监管、压实河长履职是数据赋能持续有效的必要手段。采用"因为河长周报、红黑榜、曝光台等手段，如果我不认真履职会让我感觉难堪"和"巡河和上报问题的考核要求过于僵化，脱离实际需要"两个题项作为衡量强监管、驱动能的指标体系。

从统计数据（见附表2.3-3和附表2.3-4）来看，64.9%的村（居）级河长、75.9%的镇（街）级河长赞同"因为河长周报、红黑榜、曝光台等手段，如果我不认真履职会让我感觉难堪"的观点；40.9%的村（居）级河长和44.5%的镇（街）级河长赞同"巡河和上报问题的考核要求过于僵化，脱离实际需要"，而有33.8%的村（居）级河长和31.6%的镇（街）级河长对"巡河和上报问题的考核要求过于僵化，脱离实际需要"保持中立态度。

附表 2.3-3　对村（居）级河长监督的测量统计（N=894）

统计项	态度	统计值	
		频次 / 人	有效百分比 /%
因为河长周报、红黑榜、曝光台等手段，如果我不认真履职会让我感觉难堪	非常不赞同	51	5.7
	比较不赞同	76	8.5
	一般	187	20.9
	比较赞同	364	40.7
	非常赞同	216	24.2

续表

统计项	态度	统计值	
		频次 / 人	有效百分比 /%
巡河和上报问题的考核要求过于僵化，脱离实际需要	非常不赞同	88	9.8
	比较不赞同	139	15.5
	一般	302	33.8
	比较赞同	249	27.9
	非常赞同	116	13.0

附表 2.3-4　对镇（街）级河长监督效能感的测量统计（N=332）

统计项	态度	统计值	
		频次 / 人	有效百分比 /%
因为河长周报、红黑榜、曝光台等手段，如果我不认真履职会让我感觉难堪	非常不赞同	10	3.0
	比较不赞同	13	3.9
	一般	57	17.2
	比较赞同	161	48.5
	非常赞同	91	27.4
巡河和上报问题的考核要求过于僵化，脱离实际需要	非常不赞同	26	7.8
	比较不赞同	53	16.0
	一般	105	31.6
	比较赞同	115	34.6
	非常赞同	33	9.9

2.3.3　数据赋能授知识、提能力

河长队伍的履职能力和专业知识是河长制的"神经末梢"，与问题上报数量与质量密切相关。通过测量"知识能"（即在信息化平台的基础上是否提升了河长获取知识与信息的能力）和"识别能"（即信息化发展促进了河长对污染问题的识别能力），构建数据赋能传授知识，提升能力的指标体系。

从河长履职获取知识的主要渠道来看（附表2.3-5），有68.5%的村（居）级河长、78.6%的镇（街）级河长和92.6%的区级河长通过直接阅读官方文件获取河长制知识；有66.2%的村（居）级河长、68.1%的镇（街）级河长和58.5%的区级河长通过"广州河长培训"小程序或线上直播平台学习河长履职工作相关知识；有59.6%的村（居）级河长、65.7%的镇（街）级河长、54.3%的区级河长通过阅读广州河长App内的文章了解河长履职工作规范性知识；有53.8%的村（居）级河长、55.4%的镇（街）级河长、38.3%的区级河长通过区级河长办组织的河长培训课程学习或了解河长履职工作规范性知识；有44.7%的村（居）级河长、46.7%的镇（街）级河长、40.4%的区级河长通过"广州水务"公众号或微博等信息获取信息；有36.2%的村（居）级河长、41.3%的镇（街）级河长、20.2%的区级河长通过河长漫画获取信息。

从上述数据中可以对三级河长获取知识渠道进行比较：通过阅读正规性文件（如河长令文件）的河长从区级、镇（街）级到村（居）级逐渐递减；而通过信

附表2.3-5　学习或了解河长履职工作规范性知识的主要渠道

学习或了解河长履职工作规范性知识（如河长令）的主要渠道	统计值					
	村（居）级河长（N_1=894）		镇（街）级河长（N_2=332）		区级河长（N_3=94）	
	频次/人	有效百分比/%	频次/人	有效百分比/%	频次/人	有效百分比/%
A. 直接阅读官方文件（如市、区河长令）	612	68.5	261	78.6	87	92.6
B. 河长漫画	324	36.2	137	41.3	19	20.2
C. "广州河长培训"小程序或线上直播平台	592	66.2	226	68.1	55	58.5
D. 广州河长App内的文章	533	59.6	218	65.7	51	54.3
E. "广州水务"公众号或微博等信息	400	44.7	155	46.7	38	40.4
F. 区级河长办组织的河长培训课程	481	53.8	184	55.4	36	38.3
G. 其他	34	3.8	9	2.7	3	3.2

息化平台（如"广州河长培训"小程序或线上直播、广州河长 App 上的文章等）获取相关信息与知识的河长则是主要以镇（街）级和村（居）级为主，区级河长次之。从数据赋能河长获取"知识能"的角度看，镇（街）级河长、村（居）级河长对信息平台的使用程度比区级河长要高。另外需要特别强调的是，通过广州市河长办的特色品牌项目——河长漫画学习和了解知识的村（居）级河长和镇（街）级河长分别占比 36.2% 与 41.3%，相反区级河长只占了 20.2%，这说明河长漫画已经成为镇（街）级河长、村（居）级河长队伍获取规范性知识与能力的重要渠道之一。这也证明了"河长漫画"把晦涩难懂的河长令以图画、漫画方式制作并在河长队伍中传播的思路是切实可行的。后续需要继续推动通过广州河长 App、"广州水务"公众号、"广州河长培训"小程序、河长漫画等喜闻乐见的渠道传播相关治水知识与信息。

通过"最近一年观看线上河长培训课程或直播的次数"，了解到村（居）级河长使用线上河长培训或直播的次数在"1 ～ 3 次"和"4 ～ 7 次"居多，分别占 45.30% 和 35.01%；镇（街）级河长使用的次数在"1 ～ 3 次"和"4 ～ 7 次"较多，分别占 40.06% 和 43.37%；而区级河长使用的次数在"1 ～ 3 次"较多，占 51.06%（见附图 2.3-1 ～附图 2.3-3）。镇（街）级河长、村（居）级河长较多使用河长培训小程序或直播平台，这说明线上培训课程已经成为河长队伍获取治水相关信息、学习履职相关知识的主要平台之一。

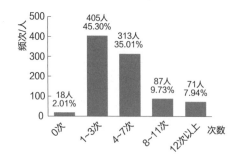

附图 2.3-1　村（居）级河长最近一年观看线上河长培训课程或直播的次数

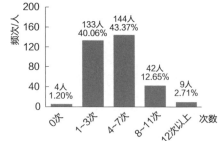

附图 2.3-2　镇（街）级河长最近一年观看线上河长培训课程或直播的次数

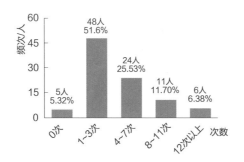

附图 2.3-3 区级河长最近一年观看线上
河长培训课程或直播的次数

通过"培训课程是否能提升识别污染问题的能力"这一题项可以发现，河长们在培训课程中获取的知识基本能有效转化为识别污染问题的能力。从数据分析上看，许多村（居）级河长、镇（街）级河长认为广州河长培训小程序、线上直播培训课程等能够极大提升对识别污染问题的能力（见附图 2.3-4 和附图 2.3-5），区级河长同样认为直播课程能提升自身识别污染问题的能力，但相较于村（居）级河长、镇（街）级河长而言效果不明显（见附图 2.3-6）。这也体现了信息技术手段为村（居）级河长、镇（街）级河长获取知识提供了便利渠道与多样选择，能把知识有效转化为使用效能。

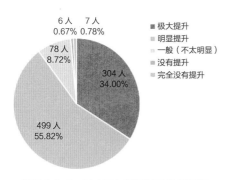

附图 2.3-4 村（居）级河长对培训课程
是否能提升识别污染问题能力的评价

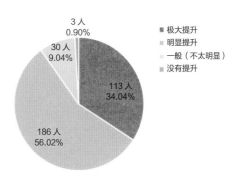

附图 2.3-5 镇（街）级河长对培训课程
是否能提升识别污染问题能力的评价

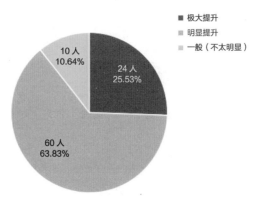

附图 2.3-6　区级河长对培训课程是否能
提升识别污染问题能力的评价

2.3.4　数据赋能广吹哨，促协同

以信息技术应用促进跨部门协同，是实现"河长吹哨、部门报到"的重要抓手。通过在村（居）级河长层面选取"用广州河长 App 我能把问题上报给相关单位及时处理""广州河长管理信息系统的交办流转的功能，让我更能与不同层级的职能部门、河长办协同处理复杂的涉水问题"，在镇（街）级河长层面选取"相比于广州河长管理信息系统与广州河长 APP 出现前，使用这些信息化手段方便我解决辖区内的水质问题""广州河长管理信息系统的'交办流转'的功能，让我更能与不同层级的职能部门、河长办协同处理复杂的涉水问题"，在区级河长层面选取"与传统纸质上报相比，通过广州河长 App 问题流转能协同多部门帮助我解决问题""广州河长管理信息系统的'交办流转'的功能，让我更能与不同层级的职能部门、河长办协同处理复杂的涉水问题"的题项，分别对村（居）级、镇（街）级和区级河长的"促协同"维度进行测量，统计结果见附表 2.3-6 ~ 附表 2.3-8。

在村（居）级河长层面，有 83.5% 的村（居）级河长赞同"用广州河长 App 我能把问题上报给相关单位及时处理"，持相反意见的仅占 3.5%；有 78.2% 的村（居）级河长赞同"广州河长管理信息系统的'交办流转'功能，让我更能与不同层级的职能部门、河长办协同处理复杂的涉水问题",持相反意见的仅占 3.8%。

在镇(街)级河长层面,有 81.9% 的镇(街)级河长赞同"相比于广州河长管理信息系统与广州河长 App 出现前,使用这些信息化手段方便他们解决辖区内的水质问题",持相反意见的仅占 6.3%;有 78.9% 的镇(街)级河长赞同"广州河长管理信息系统的'交办流转'的功能,让我更能与不同层级的职能部门、河长办协同处理复杂的涉水问题",持相反意见的仅占 3.4%。

在区级河长层面,有 90.5% 的区级河长赞同"与传统纸质上报相比,用广州河长 App 的问题流转能协同多部门帮助我解决问题",持相反意见的仅占 1.1%;有 94.7% 的区级河长赞同"广州河长管理信息系统的'交办流转'的功能,让他们更能与不同层级的职能部门、河长办协同处理复杂的涉水问题",没有人持相反意见。这反映了广州河长 App、广州河长管理信息系统等技术运用优化了问题转办流程,推动复杂问题的高效解决,实现部门间的横向协同。

附表 2.3-6　技术手段对村(居)级河长协同效能感的测量统计(N=894)

统计项	态度	统计值	
		频次 / 人	有效百分比 /%
用广州河长 App 我能把问题上报给相关单位及时处理	非常不赞同	16	1.8
	比较不赞同	15	1.7
	一般	116	13.0
	比较赞同	391	43.7
	非常赞同	356	39.8
广州河长管理信息系统的"交办流转"的功能,让我更能与不同层级的职能部门、河长办协同处理复杂的涉水问题	非常不赞同	15	1.7
	比较不赞同	19	2.1
	一般	161	18.0
	比较赞同	394	44.1
	非常赞同	305	34.1

附表 2.3-7　技术手段对镇（街）级河长协同效能感的测量统计（N=332）

统计项	态度	统计值	
		频次 / 人	有效百分比 /%
相比于广州河长管理信息系统与广州河长 App 出现前，使用这些信息化手段方便我解决辖区内的水质问题	非常不赞同	7	2.1
	比较不赞同	14	4.2
	一般	39	11.7
	比较赞同	156	47.0
	非常赞同	116	34.9
广州河长管理信息系统的"交办流转"的功能，让我更能与不同层级的职能部门、河长办协同处理复杂的涉水问题	非常不赞同	4	1.2
	比较不赞同	7	2.1
	一般	59	17.8
	比较赞同	150	45.2
	非常赞同	112	33.7

附表 2.3-8　技术手段对区级河长协同效能感的测量统计（N=94）

统计项	态度	统计值	
		频次 / 人	有效百分比 /%
与传统纸质上报相比，用广州河长 App 的问题流转能协同多部门帮助我解决问题	非常不赞同	0	0
	比较不赞同	1	1.1
	一般	8	8.5
	比较赞同	51	54.3
	非常赞同	34	36.2
广州河长管理信息系统的"交办流转"的功能，让我更能与不同层级的职能部门、河长办协同处理复杂的涉水问题	非常不赞同	0	0
	比较不赞同	0	0
	一般	5	5.3
	比较赞同	58	61.7
	非常赞同	31	33.0

2.3.5 数据赋能畅渠道，齐互动

河长队伍要提升履职能力离不开社会参与。以信息技术应用畅通政社互动渠道、密切政社合作关系是河长高效履职的应有之义。通过"在最近一年内组织公众参与巡河、护河活动的次数""最近一年与民间河长、社会组织和公众建立的联系渠道""最近一年民间河长、社会组织和公众辅助河长的情况""公众使用'广州治水投诉'会让我感到有压力""扩大公众使用'广州治水投诉'公众号和'河长培训'小程序能帮助我更好履职"5个题项，能全方位构建起数据赋能公众参与的影响指标体系。

（1）在组织公众参与巡河、护河活动上，组织过1～3次活动的村（居）级河长最多，占48.99%；组织过4～7次的村（居）级河长次之，占23.38%；只有6.49%的村（居）级河长没有组织过活动（见附图2.3-7）。组织过1~3次活动的镇（街）级河长最多，占45.18%；组织过4～7次的镇（街）级河长次之，占29.52%；仅有4.52%的镇（街）级河长没有组织过公众参与巡河、护河活动（见附图2.3-8）。29.79%的区级河长在最近一年内组织公众参与巡河、护河活动超过12次，只有10.64%的区级河长没有组织过活动（见附图2.3-9）。

（2）在与治水社会力量的联系方面，有59.4%的村（居）级河长、55.7%的镇（街）级河长、40.4%的区级河长与民间河长、社会组织和公众建

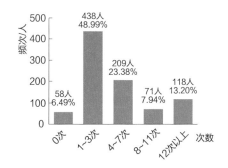

附图2.3-7　村（居）级河长最近一年组织公众参与巡河、护河活动的次数

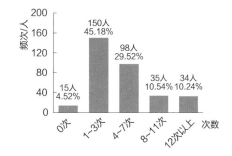

附图2.3-8　镇（街）级河长最近一年组织公众参与巡河、护河活动的次数

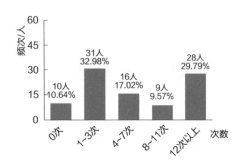

附图 2.3-9　区级河长在最近一年内组织
公众参与巡河、护河活动的次数

立了 QQ 群或微信群；有 65.2% 的村（居）级河长、75.3% 的镇（街）级河长、61.7% 的区级河长定期组织公众巡河、护河活动。一些村（居）级河长（24.7%）、镇（街）级河长（34.6%）与区级河长（39.4%）还会定期举办座谈会或恳谈会拓宽与社会公众的沟通、合作渠道。而采取与社会组织建立服务外包关系、建立非正式关系等方式进行联系的河长则相对较少（见附表 2.3-9）。

从民间河长、社会组织和公众辅助河长的情况上看，较多民间河长、社会组织和公众积极参与巡河、护河等宣传工作，并为河长提供问题线索、动员其他群

附表 2.3-9　受访者最近一年与民间河长、社会组织和公众建立的联系渠道统计

受访者最近一年与民间河长、社会组织和公众建立的联系渠道	统计值					
	村（居）级（N_1=894）		镇（街）级（N_2=332）		区级级（N_3=94）	
	频次/人	有效百分比/%	频次/人	有效百分比/%	频次/人	有效百分比/%
A. 建立 QQ 群或微信群	531	59.4	185	55.7	38	40.4
B. 定期组织公众巡河、护河活动	583	65.2	250	75.3	58	61.7
C. 与社会组织建立服务外包关系	150	16.8	67	20.2	9	9.6
D. 举办座谈会或恳谈会	221	24.7	115	34.6	37	39.4
E. 建立非正式关系	78	8.7	40	12.0	22	23.4
F. 其他 _____	71	7.9	20	3.0	7	7.4

众支持治水工作。甚至有部分群众辅助村（居）级河长调解利益纠纷、提供治水的相关建议。对提升河长履职产生正面的促进作用（见附表2.3-10）。

（3）公众参与对河长履职效能感具有显著的影响。一方面，河长普遍认同扩大公众使用"广州治水投诉"公众号和"广州河长培训"小程序有助于更好履职；另一方面，河长们对公众使用"广州治水投诉"会感到有压力。由此形成以公众参与倒逼河长认真、规范地履行职责（见附表2.3-11）。

附表2.3-10 最近一年民间河长、社会组织和公众辅助河长的情况统计

最近一年民间河长、社会组织和公众辅助民间河长的情况	统计值					
	村（居）级（N₁=894）		镇（街）级（N₂=332）		区级级（N₃=94）	
	频次/人	有效百分比/%	频次/人	有效百分比/%	频次/人	有效百分比/%
A. 巡河、护河等宣传工作	750	83.9	282	84.9	66	70.2
B. 提供问题线索	476	53.2	201	60.5	48	51.1
C. 动员群众支持	477	53.4	195	58.7	44	46.8
D. 调解利益纠纷	184	20.6	77	23.2	13	13.8
E. 提出治水相关建议	320	35.8	162	48.8	48	51.1
F. 其他 _____	34	3.8	6	1.8	2	2.1

附表2.3-11 公众参与对河长履职效能感的测量统计

统计项	态度	统计值					
		村（居）级（N₁=894）		镇（街）级（N₂=332）		区级级（N₃=94）	
		频次/人	有效百分比/%	频次/人	有效百分比/%	频次/人	有效百分比/%
公众使用"广州治水投诉"会让我感到有压力	非常不赞同	102	11.40	39	11.70	2	2.10
	比较不赞同	111	12.40	40	12.00	6	6.40
	一般	295	33.00	98	29.50	11	11.70
	比较赞同	270	30.20	109	32.80	55	58.50
	非常赞同	116	13.00	46	13.90	20	21.30

续表

统计项	态度	统计值					
		村（居）级（N₁=894）		镇（街）级（N₂=332）		区级级（N₃=94）	
		频次／人	有效百分比／%	频次／人	有效百分比／%	频次／人	有效百分比／%
扩大公众使用"广州治水投诉"公众号和"广州河长培训"小程序能帮助我更好履职	非常不赞同	20	2.20	2	0.60	0	0
	比较不赞同	25	2.80	8	2.40	0	0
	一般	169	18.90	49	14.80	8	8.50
	比较赞同	371	41.50	157	47.30	50	53.20
	非常赞同	309	34.60	116	34.90	36	38.30

2.4　数据赋能河长高效履职数据分析结果

通过量化研究发现，数据赋"五能"对河长队伍而言，是切实提升河长履职水平的重要方式。对数据赋能河长高效履职的五大赋能点进行分析可以得知，"五能"的数据化建设已经在广大河长队伍中有了坚实的基础并获得了一致的好评，后续广州市河长办需要在现有信息平台应用的基础上进一步提升平台的针对性和实用性，进一步提升河长的履职效能感和获得感。

水污染防治攻坚战是党的十九大作出的重大决策部署，这既是水环境污染防治的攻坚战，也是保卫人民群众"水幸福"的持久战，广州市在数据赋能河长制已经取得了可借鉴可推广的经验。本节通过数据分析证实了数据赋能河长制的道路切实可行。因此必须要在坚持"数据赋能河长制"的道路上扎实推进，迎难而上。

3 数据赋能跨部门协同治水数据分析报告

为深入研究数据赋能跨部门协同治水，课题组访谈了相关市级职能单位、各区河长办、广州市河涌监测中心、河长队伍和志愿中心，发现以广州河长管理信息系统为基础的跨部门协同治水模式已经成为广州数据赋能河长制的亮点之一。通过对广州河长管理信息系统后台抓取 300 个部门流转次数最多的个案，深入研究在水环境治理中破解"协同困境"的可行之策。

3.1 研究方法

本研究是基于内容分析法对数据赋能跨部门协同治水开展的，课题组采用立意抽样的原则，在海量的广州河长管理信息系统数据库中寻找出了 300 个部门流转次数最多的个案，通过对这些内涵丰富的素材进行多维度研究，挖掘数据赋能跨部门协同治水模式的潜在特征。

3.1.1 抽样框的选择

本研究以广州河长管理信息系统中的"问题上报"数据库作为抽样框。广州河长管理信息系统是水环境治理中跨部门协同的重要抓手，通过整合多部门资源、搭建数据平台，压实河长和各职能部门职责。其中，为压实各涉水单位职责，系统将各层级河长办、各职能部门统一于治水问题流转的框架下，实现了"河长上报、部门处置、河长办审核销号、市级督导督查"的全流程管理。数据平台对河长的巡河轨迹、问题报送、问题流转、污染源处置销号、督办等进行全过程留痕管理。系统记录的问题流转信息包含了上报人身份、上报时间、问题最终办结时间、问题来源、问题地点、问题类型、投诉内容、问题流经的各个部门及相关处理意见等内容。数据信息覆盖面广，清晰透明，可以直观清晰地反映数据赋能治水的状况。

3.1.2 编码表确定

编码表是本研究获得有效数据资料的核心。本研究围绕研究目的，通过人工编码分类和内容分析的方法，在实地调查和文献积累的基础上对案例进行编码处理，拟定了编码表。

本研究邀请了一位行政管理专业的教授与一位社会治理方向的讲师共同研讨，在菲利普斯提出的影响组织合作的 4 个要素的基础上，剔除了对政府部门影响较小的"其他组织合作影响"的因素，增加了对政府协同产生显著影响的"客观环境下的协同难度"因素，从而围绕介入合作行动的组织数量、是否存在一个主导性组织及其发挥领导作用的程度、组织之间价值观和态度的相近程度、客观环境下的协同难度四个方面构建了数据赋能跨部门协同治理的分析类目与编码要素。具体见附表 3.1-1。

附表 3.1-1　数据赋能跨部门协同的分析类目与编码要素

分析类目	编码要素
介入合作行动的组织数量	（1）涉及部门数量； （2）涉及市级部门数量及具体职能部门； （3）涉及区级部门数量及具体职能部门； （4）涉及镇（街）级部门数量及具体职能部门
是否存在一个主导性组织及其发挥领导作用的程度	（1）首个受理部门； （2）最终办结部门
组织之间价值观和态度的相近程度	（1）部门主要流转意见； （2）问题流转过程中的主要问题症结； （3）问题流转时长； （4）问题流转次数
客观环境下的协同难度	（1）水环境中的问题类型； （2）涉及部门是否跨区/跨街道； （3）涉及问题是否跨区/跨街道

本研究对编码要素进行赋值处理：对客观、规范化的变量进行归纳（如首个受理部门），总结出所有赋值情况；对于主观表达的变量（如部门流转意见），由课题组两位成员分别提炼，并在确定代码定义前建立如下规则：①代码的定义和命名必须简洁、清晰和准确；②本研究侧重分析跨部门协同的运行机制和困境，因此主要对一个或多个自然句进行编码，个别信息量较少的文块则以自然段为编码单位。编码要素与具体赋值见附表 3.1-2 所示。

附表 3.1-2 数据赋能跨部门协同的编码要素与具体赋值

编码要素	具体赋值
问题流转时长	数值型变量
问题类型	1= 工业废水排放，2= 生活污水排放，3= 违法建设，4= 养殖污染，5= 排水设施，6= 农家乐，7= 建筑废弃物，8= 堆场码头，9= 工程维护，10= 其他
涉及部门数量	数值型变量
问题流转次数	数值型变量
涉及部门是否跨区	1= 跨区，2= 区内跨街道，3= 街道内
涉及问题是否跨区	1= 跨区，2= 区内跨街道，3= 街道内
首个受理部门	1= 市级河长办，2= 区级河长办，3= 镇（街）级河长办
最终问题解决部门	1= 市级，2= 区级，3= 镇（街）级
问题症结	1= 权属不清，2= 历史遗留，3= 条线部门支持不足，4= 消极推诿，5= 协调者责任判断失误，6= 源头上报不清，7= 其他

3.2 跨部门协同数据分析

3.2.1 问题来源及上报人身份

（1）问题来源分布。统计数据显示，问题来源于广州河长 App 上报的占了 80%，来源于微信（公众）投诉和省级平台推送的分别占了 19.33% 和 0.67%（见附图 3.2-1）。可见广州河长 App 是问题上报的主要工具。

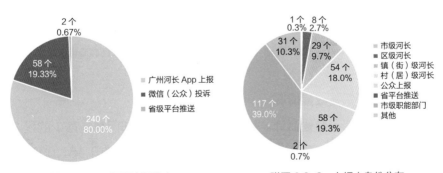

附图 3.2-1 问题来源分布　　　　附图 3.2-2 上报人身份分布

（2）上报人身份分布。统计数据显示，在众多上报人当中，市级河长、区级河长和镇（街）级河长分别占了 0.3%、2.7%、9.7%，村（居）级河长占了 18.0%，公众上报占了 19.3%，省平台推送占了 0.7%，市级职能部门占了 39.0%，其他即未知上报人身份的占了 10.3%（见附图 3.2-2）。这与目前各级河长的数量情况及职责要求大致吻合。

3.2.2 跨部门协同情况概况

（1）问题流转时长。在问题流转时长方面，流转时间最短的是 2 天，最长的是 871 天。具体而言，问题流转了 1 ~ 20 天、21 ~ 40 天的分别占 25.33% 和 21.67%；流转了 41 ~ 60 天、61 ~ 80 天的分别占 15.67% 和 11.33%，流转了 81 天以上的占了 26.00%（见附图 3.2-3）。

（2）问题流转次数。在问题流转次数方面，流转次数最少的是 6 次，最多的是 68 次；其中，流转次数在 1 ~ 10 次的占了 20.33%，流转次数在 11 ~ 20 次之间的占了 62.33%，流转次数在 21 次以上的占了 17.33%（见附图 3.2-4）。

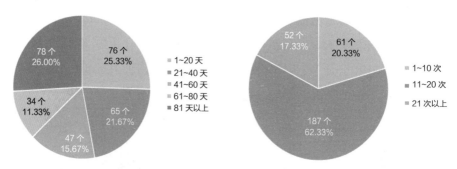

附图 3.2-3　问题流转时长情况　　　　　附图 3.2-4　问题流转次数情况

3.2.3 涉及部门数量情况

（1）涉及的部门数量合计。统计数据显示，涉及部门数量最少的是 2 个，最多的是 10 个；其中，26.00% 的案例只涉及 2 ~ 4 个部门，67.00% 的案例涉及 5 ~ 7 个部门，7.00% 的案例涉及 8 ~ 10 个部门（见附图 3.2-5）。

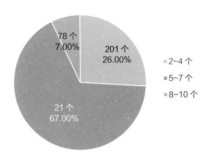

附图 3.2-5　涉及部门数量情况

（2）涉及横向市级、区级和镇（街）级部门的流转情况。附图 3.2-6 统计数据显示，涉及的横向市级部门次数中，没有涉及市级部门的问题占 18.00%，具体流转情况为：流转 1 次的问题占 54.00%、流转 2 次的占 15.00%、流转 3 次的占 10.67%、流转 4 次的占 1.67%。从附图 3.2-7 统计数据可知，涉及的横向区级部门次数中，没有涉及区级部门的问题占 0.67%，涉及 1 次和 2 次的分别占 21.00% 和 37.00%，涉及 3 次和 4 次的分别占 26.33% 和 8.33%，涉及 5 次、6 次和 7 次的分别占 5.67%、0.67%、0.33%。附图 3.2-8 统计数据显示，涉及的横向镇（街）级部门次数中，没有涉及镇（街）的问题占 6.33%，涉及 1 次的占 42.33%，涉及 2 次的占 34.00%，涉及 3 次的占 12.00%，涉及 4 次的占 4.33%，涉及 5 次的占 1.00%。由此说明，市级部门主要是问题上

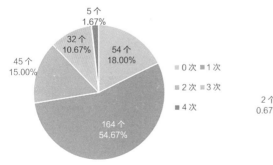

附图 3.2-6　横向市级部门次数情况

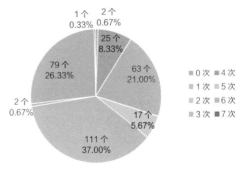

附图 3.2-7　横向区级部门次数情况

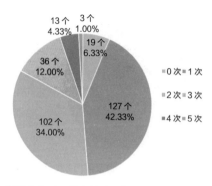

附图 3.2-8　横向镇（街）级部门次数统计

报的承接单位，同时也有不少复杂的治水问题是需要市级部门高位驱动问题协调处理；区级部门主要作为协调单位产生效能；镇（街）级部门大多数是负责问题处理及症结核实。

3.2.4　首个受理部门与办结部门情况

（1）首个受理部门分布情况。统计数据显示，市级河长办作为首个受理部门的占了57.00%，而区级河长办、镇（街）级河长办作为首个受理部门的分别占21.67%、19.00%（见附图3.2-9）。这表明，多数的上报者会选择直接把问题上报到市河长办；同时也有较多上报者会根据问题发现的地点而把问题上报到区级河长办或镇（街）级河长办，只有极少数会把问题上报到职能部门。

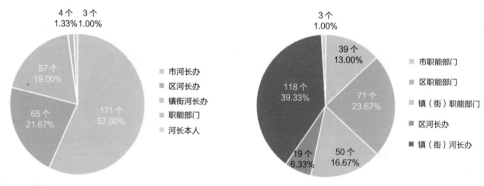

附图 3.2-9　首个受理部门分布情况　　　　附图 3.2-10　最终受理部门分布情况

（2）最终受理部门分布情况。在问题的最终解决部门当中，市级职能部门、区级职能部门分别占了 13.00%、23.67%，镇（街）级职能部门占了16.67%，镇（街）级河长办占了 39.33%（见附图 3.2-10）。可以看出，镇（街）级河长办及职能部门负责问题的最终解决的次数远远多于区级河长办和区级职能部门，肩负着问题处理的责任，后续需要进一步为基层提供更多资源，提升履职能力。

（3）上报人身份及其首个受理部门交叉表情况说明。附表 3.2-1 统计数据显示，无论是体制内镇（街）级河长、村（居）级河长还是体制外的社会公众，都倾向于把问题上报给市级河长办，其次是上报给区级河长办，而直接把问题上报给市级或区级职能部门的人较少，这一方面说明了广州河长管理信息系统实现了问题"活流程"流转，改变了传统科层体制下的"自下而上"信息沟通方式；另一方面也说明市级河长办具有极高的信任度和权威性，能更好地发挥市级河长办的统筹协调能力。

附表 3.2-1 上报人身份及其首个受理部门交叉表　　　单位：人

项目		首个受理部门					总计
		市级河长办	区级河长办	镇（街）级河长办	市级或区级职能部门	河长个人	
上报人身份	市级河长	1	0	0	0	0	1
	区级河长	5	2	1	0	0	8
	镇（街）级河长	16	5	6	1	1	29
	村（居）级河长	32	10	11	1	0	54
	公众上报	37	14	6	1	0	58
	省平台推送	0	1	1	0	0	2
	市级职能部门	65	26	24	1	1	117
	其他	15	8	8	0	0	31
总计		171	66	57	4	2	300

3.3 关于数据赋能跨部门协同的发展策略

通过上述调查发现，跨部门协同背后是由数据、结构与制度三者互动关系所影响。数据在治水中的应用，有效地解决了一些协同的关键问题，如打破部门间信息壁垒、解构传统单向治理结构、推动治水权威快速流动、强化治水动态监督考核等。但与此同时，数据在赋能部门协同的过程中也遇到数据监管困境、数据简化困境和数据协同困境等。

3.3.1 在结构层面上，要完善横纵向协同体制

（1）优化科层结构，完善层级协同机制。要提升基层镇（街）级河长办问题处理能力，通过自上而下赋予基层必要的治理权力与执法能力，充分发挥基层河长办在一线河涌治理中的监督、协调与基本处置等作用，促进河涌整治工作高效、实效。

（2）打破部门壁垒，实现"一龙治水"。提升"条块"部门的协同合力，实施奖惩共存的激励机制，以实际奖励鼓励积极参与协同治水，让有治水方略的部门与个人能主动作为、献智献策。

（3）整顿思想，从严而治。对于怠惰懒政、有意阻碍部门协同的部门主义作风予以严惩与处置。

3.3.2 在制度层面上，要做好顶层设计，明确权责归属

水环境跨部门协同治理的目标就是要实现从单线交办"部门负责"向"主线主责，多线配合"的共治模式转变。一方面，现行的制度设计仍是以行政授权为主，需进一步上升为法定授权源头予以解决；另一方面，应进一步明确各级河长办、各成员单位以及各级河长的治理权责关系，减少权责不明晰带来的治理风险。

3.3.3 在技术层面上，要继续完善数据赋能跨部门协同

为了让数据真正成为支撑层级协作、部门协同、政社互动的重要工具，数据赋能跨部门协同应以打破部门本位主义与信息垄断为前提、以实现技术与治理的高度契合度为目标。在未来的水环境治理中，应通过优化结构、制度与技术的设计，实现"一龙管水、九龙治水"的长效之策。

4 数据赋能公众治水参与数据分析报告

本调研以公众治水参与为重点，研究当前广州市公众治水参与的基本概况以及影响公众治水参与广度与深度的因素，从而为广州市进一步完善全民治水格局提供参考依据，提供数据赋能公众治水参与的"广州样本"。

4.1 调查问卷基本概况

4.1.1 问卷编制过程

问卷具有结构性、标准化、指标化等优点，较适合在短期内收集大量资料，能有效采集政务服务满意度的实证数据。编制过程如下：

（1）根据测评对象、测评内容、深度访谈和前期收集的意见、数据等相关材料，根据主客观考量，采用封闭式和开放式问卷相结合的形式，将治水参与及基本情况设置为封闭式问题，在问卷结尾设置开放式问题，供受访对象提出相应的具体意见和建议；之后多次召开课题组会议，并邀请其他高校的老师参与讨论，完成问卷的初步编制与修改。

（2）试调查阶段。问卷初步编制完成后，根据便捷性原则以及代表性原则，依托广州市河涌检测中心开展的"街头志愿者摆摊活动"，由5名课题组成员组成试调查小组，以街头定点派发的方式于广州市越秀区北京路随机抽取调查对象进行试调查，共派发问卷90份，回收有效问卷83份。

（3）问卷修改。针对试调查发现问卷存在的部分问题设置不清晰、问卷问题过多、回收率不高等问题，课题组成员和专家讨论后对部分问题进行了修改，最终形成调查问卷定稿。

4.1.2 问卷抽样与派发

（1）问卷抽样。此次问卷的试调查阶段采用偶遇抽样方法。在试调查阶段发现，大部分公众对参与治水普遍缺乏认知与行动，背后的原因是抽取的对象非治水"利益相关者"，为契合本研究"数据赋能公众治水参与"的调查需要，在对"公众"的概念界定为"接触过或参与过治水的公众",而非一般大众,在此基础上以目的抽样与配额抽样相结合的抽样方法对广州市 11 个区抽样。

(2)问卷派发。问卷包括个人基本信息和治水参与状况调查两大部分,此次调查采用线上问卷调查方式,并通过有奖填答方式吸引受访对象,通过委托各区河长办面向不同公众治水微信群进行派发,再以"参与深度"以及"参与广度"为标准,对参与广度选择"不知道"与参与深度选择 0 次的公众剔除。总体来看,问卷的派发量与有效回收量具有代表性,此次数据赋能公众治水参与调查共派发问卷 1486 份,有效回收数量为 1251 份,有效回收率为 84.2%。各区问卷派发和回收情况见附表 4.1-1。

附表 4.1-1　问卷派发和回收情况统计

地点	回收问卷数量 / 份	有效问卷数量 / 份	有效回收率 /%
越秀区	66	53	80.3
海珠区	100	84	84
荔湾区	348	288	82.8
天河区	116	95	81.9
白云区	102	84	82.4
黄浦区	94	79	84.1
花都区	192	171	89.1
番禺区	94	74	78.7
南沙区	47	44	93.6
从化区	117	93	79.5
增城区	210	186	88.6
合计	1486	1251	84.2

4.2　调查基本情况说明

4.2.1　受访者概况

(1)受访者的来源地区分布。从统计数据(见附表 4.1-1)可知,受访者分布于广州各个区,其中荔湾区、花都区、增城区居多,分别回收了有效问卷

288 份、171 份以及 186 份。

（2）受访者的（性别、年龄、职业与收入）。从调查数据来看，受访者中男性有 645 人（占比 51.6%），女性有 606 人（占比 48.4%），男女性别样本基本均衡。从年龄方面来看，受访者主要集中在 19 ~ 30 岁，占比 32.5%；31 ~ 40 岁的占比 31.6%、41 ~ 50 岁的占 20.1%。从职业类型上看，最多是在党政机关工作，占比 30.2%，其次是社会组织工作者，占比 14.7%；再次是企业员工，占比 13.6%。从月平均收入上看，大多数受访者月收入在 3001 ~ 5000 元，占比 47.4%；其次是收入 3000 元及以下，占比 23.5%（见附表 4.2-1）。

附表 4.2-1　受访者的性别、年龄、职业及收入统计（N=1251）

统计项		频次 / 人	有效百分比 /%
性别	男	645	51.6
	女	606	48.4
年龄	18 岁及以下	27	2.2
	19 ~ 30 岁	407	32.5
	31 ~ 40 岁	395	31.6
	41 ~ 50 岁	251	20.1
	51 ~ 60 岁	108	8.6
	61 岁及以上	63	5.0
职业类型	党政机关	378	30.2
	企业员工	170	13.6
	私营企业主、个体户	42	3.4
	社会组织工作者	184	14.7
	自由职业者	122	9.8
	离 / 退休	99	7.9
	学生	66	5.3
	失业、无业	14	1.1
	其他	176	14.1
月平均收入	3000 元及以下	294	23.5
	3001 ~ 5000 元	593	47.4
	5001 ~ 7000 元	179	14.3
	7001 ~ 9000 元	74	5.9
	9001 元及以上	111	8.9

（3）受访者的学历与政治面貌。从统计结果来看（见附图4.2-1），受访者的学历比较高，拥有本科/大专学历与拥有研究生及以上学历的受访者各占38.93%。从受访者政治面貌方面来看，群众数量最多，占63.74%；其次是中共党员（含预备党员），占22.89%；最后是民主党派人士，占12.09%（见附图4.2-2）。

附图 4.2-1　受访者学历分布　　　　　附图 4.2-2　受访者政治面貌概况

（4）受访者参与治水的行为特征。从参与深度上看，公众参与治水次数以"1～3次"居多，占43.49%；其次是10次以上，占27.42%；再次是"4～6次"，占15.51%（见附图4.2-3）。从参与广度上看，公众参与一种治水活动类型的居多，占51.32%；两种类型的次之，占26.22%（见附图4.2-4）。

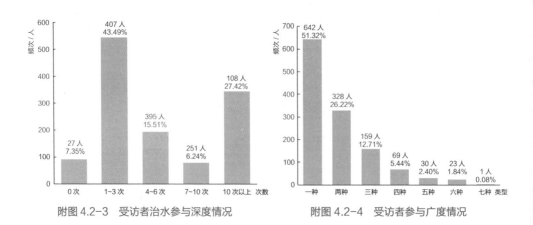

附图 4.2-3　受访者治水参与深度情况　　　附图 4.2-4　受访者参与广度情况

4.2.2 受访者对数据赋能治水参与的行为认知

受访者对参与水环境治理的行为认知测量虽然具有主观性，但行为科学表明，激发事件（activating event）与行动结果（consequence）之间存在着行动者信念（belief）这一关键要素。而在数据赋能公众治水参与中，受访者的心理感知便十分重要。要全面测量数据赋能治水参与的行为认知，首先，要对公众治水参与的满意度与认知进行测量；其次，要对公众使用数字化平台的感知进行测量（如平台使用的满意度、信息公开程度、渠道丰富性、参与便捷性、参与的阻碍因素）；最后，要对数据赋能治水参与的结果进行测量（如使用治水平台遇到的问题、对问题的识别能力、判断涉水问题的专业程度、驱动治水参与的原因与不参与的原因）。

（1）治水参与的满意度与认知测量。从受访者对河涌的满意程度上看，受访者选择"非常满意"的最多，有619人，占49.48%；选择"比较满意"的次之，有457人，占36.53%（见附图4.2-5）。

从受访者对河长制工作的了解程度上看，选择"比较了解"的受访者最多，有514人，占41.09%；选择"非常了解"的受访者次之，有497人，占39.73%（见附图4.2-6）。

（2）公众使用数字化平台的感知测量。从受访者对治水平台（如"广州治水投诉""广州水务""广东省智慧水务"等）的使用频率上看，36.5%的受

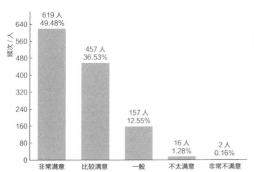

附图4.2-5　受访者对河涌的满意程度统计

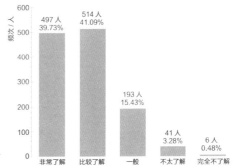

附图4.2-6　受访者对河长制工作的了解程度统计

访者表示会经常使用到相关治水平台；累计96.1%的受访者有使用过信息化的治水平台（见附表4.2-2）。

附表4.2-2　受访者对治水平台的使用频率统计（N=1251）

使用频率	受访人数 / 人	有效百分比 /%
经常	456	36.5
偶尔	404	32.3
有时	207	16.5
很少	135	10.8
从不	15	1.2
不知道这些平台	34	2.7
合计	1251	100.0

从受访者对治水平台的满意度上看，选择"比较满意"的人数最多，有536人，占42.85%；选择"非常满意"的人数次之，有480人，占38.37%（见附图4.2-7）。从信息公开程度上看，41.33%的受访者认为信息公开程度非常高，40.85%的受访者认为信息公开程度比较高（见附图4.2-8）。

从公众的治水参与渠道上看，664人使用过微博、微信公众号或者小程序参与治水，占27.3%；408人使用过电话热线参与治水，占16.8%；241人使用

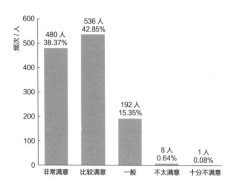

附图4.2-7　受访者对治水平台满意度统计

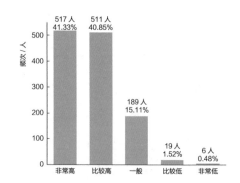

附图4.2-8　对平台信息的公开程度评价统计

过政府门户网站参与治水，占 9.9%，347 人通过官方河长参与治水，占 14.3%（见附表 4.2-3）。

附表 4.2-3　公众的治水参与渠道统计

治水参与渠道	频次 / 人	有效百分比 /%
A. 微博、微信公众号、小程序	664	27.3
B. 电话热线（如 12345）	408	16.8
C. 政府门户网站	241	9.9
D. 官方河长	347	14.3
E. 环保组织	224	9.2
F. 人大代表、政协委员	91	3.7
G. 新闻媒体	118	4.9
H. 座谈会或听证会等	106	4.4
I. 其他	94	3.9
J. 没有使用过	139	5.7
总计	2432	100.0

　　从公众使用平台遇到的问题上看，公众在使用微信治水平台时，主要遭遇到涉水问题描述复杂、身份认证烦琐、定位打不开或是不准确等问题，需要进一步优化系统以提升公众的体验感（见附表 4.2-4）。

　　从公众对平台的便捷性评价上看，受访者普遍认为治水平台出现后，能够更加便捷地参与治水。数据平台的使用能够降低公众参与的成本以及使用的难度，提升公众参与治水的积极性（见附图 4.2-9）。

附表 4.2-4　使用治水平台遇到的问题统计（N=1758）

治水参与遇到的问题	统计值	
	频次 / 人	有效百分比 /%
A. 想投诉但打不开程序	108	6.1
B. 身份认证烦琐	267	15.2
C. 不清楚河涌相关信息	225	12.8

续表

治水参与遇到的问题	统计值	
	频次 / 人	有效百分比 /%
D. 涉水问题描述复杂	309	17.6
E. 定位打不开或不准确	268	15.2
F. 图片上传失败	132	7.5
G. 最后一步提交失败	54	3.1
H. 其他	166	9.4
I. 不清楚不了解	229	13.0
总计	1758	100.0

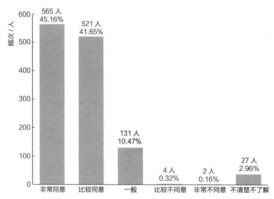

附图 4.2-9　治水平台出现后，能更便捷参与治水评价

（3）数据赋能治水参与的结果测量。从附表 4.2-5 来看，受访者能够识别的涉水问题以工业废水排放、生活污水排放（生活污水、农家乐排污）、生活垃圾为主；其次，也有部分公众能够识别养殖污染和涉水设施损坏（排水设施、河边护栏）等问题，这说明受访者具备了基本的水污染问题识别能力，涉水知识面较广。

然而，从受访者判断涉水问题的专业程度上看，45.0% 的受访者错选了"水质清澈水质一定很好"，23.3% 的受访者错选了"Ⅴ类水比Ⅰ类水水质更好"（见附表 4.2-6），这表明公众的治水知识专业性有待进一步提升。

附表 4.2-5　受访者对涉水问题的识别

受访者对涉水问题的识别	统计值	
	频次 / 人	有效百分比 /%
A. 工业废水排放	739	16.1
B. 生活污水排放（生活污水、农家乐排污）	912	19.9
C. 养殖污染	564	12.3
D. 涉水设施损坏（排水设施、河边护栏）	567	12.3
E. 涉水违建	501	10.9
F. 建筑废弃物	519	11.3
G. 生活垃圾	747	16.3
H. 其他	43	0.9
总计	4592	100.0

附表 4.2-6　受访者治水专业知识测量统计

统计项	态度	统计值	
		频次 / 人	有效百分比 /%
如果水看起来很清澈，水质一定很好	同意	563	45.0
	不同意	608	48.6
	不清楚	80	6.4
V类水比 I 类水水质更好	同意	292	23.3
	不同意	666	53.2
	不清楚	293	23.4

　　从驱动治水参与的动力因素上看，受访者选择参与治水的动力因素以"'开门治水，人人参与'的使命感""水污染严重，影响自身正常生活""个人兴趣与爱好"为主，分别占比 27.9%、22.5%、17.8%（见附表 4.2-7）。

　　从治水参与的障碍因素上看，公众治水参与障碍因素主要包括"工作太忙没有时间""参与渠道少"和"平台操作复杂"，分别占 24.3%、12.3% 和 12.1%（见附表 4.2-8）。

附表 4.2-7　治水参与动力因素统计

治水参与动力因素	统计值	
	频次 / 人	有效百分比 /%
A. 个人兴趣与爱好	475	17.8
B. 治水平台奖金奖励	295	11.0
C. 志愿积分	250	9.3
D. "开门治水，人人有责" 的使命感	747	27.9
E. 水污染严重，影响自身正常生活	603	22.5
F. 政府治水不够给力	66	2.5
G. 打发时间	29	1.1
H. 周围朋友影响	163	6.1
I. 其他	48	1.8
总计	2676	100.0

附表 4.2-8　治水参与障碍因素统计

治水参与障碍因素	统计值	
	频次 / 人	有效百分比 /%
A. 不感兴趣	57	2.5
B. 不知道怎么参与	215	9.4
C. 工作太忙没有时间	555	24.3
D. 投诉的激励金额少	224	9.8
E. 参与渠道少	280	12.3
F. 参与渠道不通畅	176	7.7
G. 平台操作复杂	275	12.1
H. 怕被打击报复	133	5.8
I. 政府对问题的回应速度慢	115	5.0
J. 参与了也改变不了问题	129	5.7
K. 其他	123	5.4
总计	2282	100.0

4.3 交叉分析结果

4.3.1 性别差异对治水参与的影响作用不明显

在参与深度方面，男性选择"1～3次"的人数低于女性，而在"10次以上"的参与次数方面男性则显著多于女性（见附图4.3-1）。

在参与广度方面，性别差异对参与治水的类型并没有显著影响。说明在治水参与过程中，性别并不会直接影响公众治水的参与情况，水环境的保护问题已经成为一种社会的共识（见附图4.3-2）。

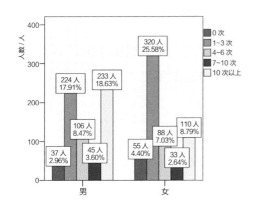

附图4.3-1 性别与参与深度交叉分析

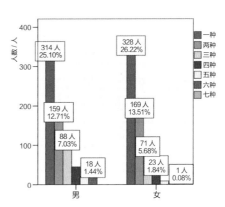

附图4.3-2 性别与参与广度交叉分析

4.3.2 公众治水参与主体主要是青壮年群体

通过对"年龄"与"参与深度"、"年龄"与"参与广度"进行交叉分析后可以发现，年龄对治水参与行为有显著影响。（见附图4.3-3与附图4.3-4）。一方面可能是青壮年对比于中老年群体具备更高的治水参与意识、公民意识和主人翁意识；另一方面可能与中老年群体对于新兴的信息化治水平台操作难度相关。

4.3.3 户籍所在地与治水参与行为显著相关

从受访者的户籍所在地对治水参与行为的影响上看，无论是参与深度还是参与广度，户籍在广州市内的受访者都显著高于非广州市户籍人员（见附图4.3-5

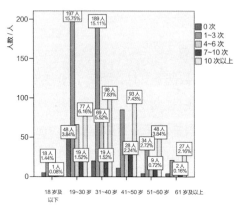

附图 4.3-3　年龄与治水参与深度交叉分析

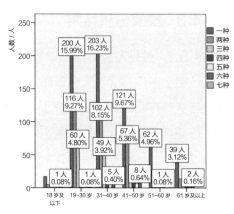

附图 4.3-4　年龄与治水参与广度交叉分析

和附图 4.3-6 ）。这一方面说明本地户籍人员可能基于主人翁精神会更加具备强烈的治水参与意识；另一方面也说明广州市在依托数据赋能吸纳来穗人员参与治水方面仍有很大的发展空间。

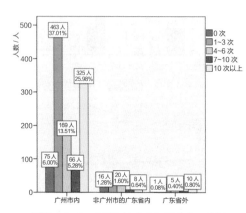

附图 4.3-5　户籍与治水参与深度交叉分析

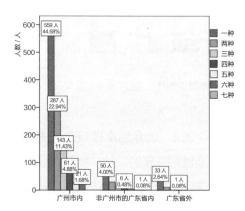

附图 4.3-6　户籍与治水参与广度交叉分析

4.3.4　对政府工作了解程度越高，治水参与越积极

通过对受访者对河长制工作的了解程度与参与深度、参与广度进行交叉分析后发现，治水参与行为较多或者参与类型比较广的受访者基本都认为自身比较了

解政府推进的河长制工作（见附图4.3-7和附图4.3-8）。这说明政府的治水宣传一方面能够向公众传达保护水环境的理念，同时也能够激发公众内在的参与热情。

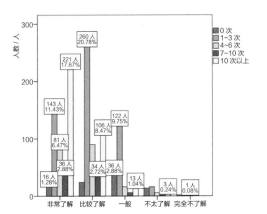

附图4.3-7　对河长制工作了解程度与参与深度交叉分析

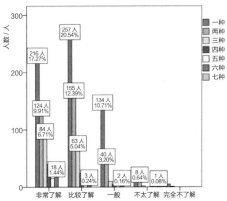

附图4.3-8　对河长制工作了解程度与参与广度交叉分析

143

参考文献
CANKAO WENXIAN

[1] 沈满洪. 河长制的制度经济学分析 [J]. 中国人口 · 资源与环境，2018（1）：134-139.

[2] 刘鸿志，刘贤春，周仕凭，等. 关于深化河长制制度的思考 [J]. 环境保护，2016，44（24）：43-46.

[3] 李汉卿. 行政发包制下河长制的解构及组织困境：以上海市为例 [J]. 中国行政管理，2018（11）：114-120.

[4] 郝就笑，孙瑜晨. 走向智慧型治理：环境治理模式的变迁研究 [J]. 南京工业大学学报（社会科学版），2019，18（5）：67-78，112.

[5] 任敏. "河长制"：一个中国政府流域治理跨部门协同的样本研究 [J]. 北京行政学院学报，2015（3）：25-31.

[6] 黄丽华. 以超大城市社会治理创新 助力实现老城市新活力 [N/OL]. 红棉时报，2020-02-06[2020-11-23]https：//baijiahao.baidu.com/s?id=1648401817176651367995&wfr=spider&for=pc.

[7] 孟源北. 以新思想引领实现"老城市新活力"的广州实践 [EB/OL]. 广州市委党校，（2019-03-27）[2020-02-06]http://www.gzswdx.gov.cn/xwzx/xyxw/201903/t20190327_55199.htm.

[8] 刘晓星，陈乐. "河长制"：破解中国水污染治理困局 [J]. 环境保护，2009（9）：18-20.

[9] 黄爱宝. "河长制"：制度形态与创新趋向 [J]. 学海，2015（4）：143.

[10] 吴鹏. 生态修复法制初探——基于生态文明社会建设的需要 [J]. 河北法学，2013（5）：172.

[11] 吕忠梅，陈虹. 关于长江立法的思考 [J]. 环境保护，2016（18）：32-38.

[12] 王洛忠，庞锐. 中国公共政策时空演进机理及扩散路径——以河长制的落地与变迁为例 [J]. 中国行政管理，2018（5）：63-69.

[13] 斯坦利 · 麦克里斯特尔. 赋能：打造应对不确定性的敏捷团队 [M]. 北京：中信出版社，2017.

[14] 宋晓清，沈永东. 技术赋能：互联网时代行业协会商会的组织强化与功能重构 [J]. 中共浙江省委党校学报，2017，33（2）：14-23.

[15] 杜智涛，张丹丹. 技术赋能与权力相变：网络政治生态的演进 [J]. 北京航空航天大学学报（社会科学版），2018，31（1）：26-31.

[16] 张楠迪扬. 区块链政务服务：技术赋能与行政权力重构 [J]. 中国行政管理，2020（1）：69-76.

[17] 李雪松.技术赋能综合行政执法改革:基于"智慧城管"的实证分析[J].四川行政学院学报,2020(1):40-49.

[18] 关婷,薛澜,赵静.技术赋能的治理创新:基于中国环境领域的实践案例[J].中国行政管理,2019(4):58-65.

[19] 简·E·芳汀.构建虚拟政府:信息技术与制度创新[M].邵国松,译.北京:中国人民大学出版社,2010.

[20] 零点有数."城市人本马斯洛指数",以人为本的多源大数据研究成果[EB/OL].(2017-11-10)[2021-02-06]https://www.sohu.com/a/203594088_682144.

[21] 谭海波,蔡立辉.论"碎片化"政府管理模式及其改革路径——"整体型政府"的分析视角[J].社会科学,2010(8):12-18+187.

[22] 李希光,郭晓科.互联网时代的群众路线复兴——扁平化舆论引导机制初探[J].人民论坛·学术前沿,2015(7):82-95.

[23] 李广兵.流域水环境管理:问题与建议[C]//中国法学会环境资源法学研究会年会论文集,2003.

[24] 夏志强,谭毅.城市治理体系和治理能力建设的基本逻辑[J].上海行政学院学报,2017,18(5):11-20.

[25] 明海英.推进城市治理现代化[N].中国社会科学报,2020-05-15.

[26] 曾颖委.广州市河长管理信息系统的开发与应用成效[J].水资源开发与管理,2018(6):9-14.

[27] 任轶男.合作网络视野下的环境治理模式研究[D].昆明:云南财经大学,2016.

[28] 郑容坤.水资源多中心治理机制的构建——以河长制为例[J].领导科学,2018(8):42-45.

[29] 江国华,刘文君.习近平"共建共治共享"治理理念的理论释读[J].求索,2018(1):32-38.

[30] 杨宝.治理式吸纳:社会管理创新中政社互动研究[J].经济社会体制比较,2014(4):201-209.

[31] 王亚华.从治水看治国:理解中国之治的制度密码[J].人民论坛·学术前沿,2020(5):1-15.